一点茶识

郑春英 主编

中国轻工业出版社

图书在版编目（ＣＩＰ）数据

一点茶识 / 郑春英主编. -- 北京：中国轻工业出
版社, 2019.9
ISBN 978-7-5184-1411-6

Ⅰ. ①一… Ⅱ. ①郑… Ⅲ. ①茶文化－中国 Ⅳ.
①TS971.21

中国版本图书馆CIP数据核字(2017)第110087号

责任编辑：朱启铭　　　策划编辑：秦　功　朱启铭　　　　责任终审：劳国强
封面设计：水长流文化　　版式设计：水长流文化　　　　　责任监印：张京华

出版发行：中国轻工业出版社（北京东长安街 6 号，邮编：100740）
印　　刷：北京富诚彩色印刷有限公司
经　　销：各地新华书店
版　　次：2019年9第1版第2次印刷
开　　本：170×240　　1/16　　印张：14
字　　数：150千字
书　　号：ISBN 978-7-5184-1411-6　　　　　　　定价：48.00元
邮购电话：010-65241695
发行电话：010-85119835　传真：85113293
网　　址：http://www.chlip.com.cn
Email: club@chlip.com.cn
如发现图书残缺请与我社邮购联系调换
190977S1C102ZBW

目录

壹

水

好水给茶的承诺

水对茶说，我许给你幸福——
展现你最光艳之水色，
不让你的颜色尽失，绽放你最甜美之滋味，
不让你有半丝苦涩，散发你最优雅之氤氲，
不遮盖你一毫香韵，许你在我怀里肆意伸展，
无尽缠绵。
虽短，也是一生一世。

贰

茶

茶对水说

最初我娇嫩地餐风饮露，
盼望长大。
突然离开枝头，
历经苦痛，
终成正果。
愿在你的爱恋中涅槃重生，
请给我需要的热度。

叁

火

火对水的一往情深

你冷冷的，
快来我怀里。
它喜欢你热，
我给你温暖，
让你火热。

肆

茶、水之恋

知多，知少，知足

是要问一个明白，
还是要装作糊涂？
知多，知少，难知足。

伍

茶、水合卷 且相融，且分离，距离产生美

恋爱法则——

相处短暂，寡淡而少味；

相处太久，难免苦涩。

虽然回味中也有甘甜，

终不如短暂分离后的思念情长。

陆

玉树惊鸿

茶与水的故事

茶等来了沸腾的水，
义无返顾投入水中，
染得水嫩黄、金黄、红彤彤，
窨得水花香、果香、稻米香，
绽放后香消玉殒。

柒

茶器 永远的守候

我见证一切——
水的温度，
茶的渴望，
茶水的香甜，
以及茶的睡姿。

捌

良伴、相知

有你相伴，才算完美

我们是一群无血缘亲人，
饮茶赏花，听琴说画，
品沉香的悠远，
心无挂碍。

好水给茶的承诺

水对茶说，我许给你幸福——
展现你最光艳之水色，
不让你的颜色尽失，绽放你最甜美之滋味，
不让你有半丝苦涩，散发你最优雅之氤氲，
不遮盖你一毫香韵，许你在我怀里肆意伸展，
无尽缠绵。
虽短，也是一生一世。

自来的水
有时难以捉摸

态
度

　　难得有这样的好天气——散去了纠缠数日的尘霾，冬日的阳光撕开浓雾，像多年未见儿子的母亲那样贪婪地轻抚大地。这良辰，应有一杯香茗相伴！心想间，老友来电话邀约："这样的天气，来我这里喝杯茶可好！"多么恰好的默契！

　　缓步而行，身体微微发热，细小的汗珠渗出皮肤，体温透过厚重的衣服散发到充满阳光味道的空气里，久坐僵硬的关节和肌肉因此得到了温柔的舒展，变得轻快灵活，心情也自然跟着舒畅起来。

　　茶，就应是搭配这样悠然自得的状态，想着想着，自己就像水里的一片茶叶，荡漾起来。

相见甚欢，坐在桌边，心怀期待地等着老友拿出我喜欢的滇红，操持着泡茶。

终于烧好水，冲入茶杯，看着茶慢慢绽放——咦？为什么不像以往每次的茶水红亮红亮的，今天的茶水逐渐转红暗淡，直至深浓，如滴入几滴酱油，寡淡微涩。看着茶，没了喝的欲望。

最后发现，是水的问题。老友专门用来泡茶的水用完了，临时动议的约请就煮了自来水泡茶。

物语

水，茶最亲密无间、不可或缺的爱人。

茶芽由枝头破出，由嫩芽长至妙龄，经过炙热与揉捻，翻山越岭，都是为了与水相遇。只有在水里，茶才回归本样，成为活色生香的一杯茶水，有香、有色、有味，集万千宠爱于一身。

水能激发茶的一切美感，像一个宽和的爱人，容纳茶的释放，把茶从沉睡中唤醒。茶让水告别了平淡无奇的无色无味，变得香甜美味，余

韵无限。而茶水则承载了人们的丰富情感与寄托，有趣、有雅、有道。水与茶在交融中成就彼此。

水对茶可谓至关重要。

我国自古就重视泡茶用水。远者，唐代陆羽《茶经》中有这位茶学圣人对泡茶用水的说法："其水，用山水上，江水中，井水下。"陆羽认为山水最好。近者，清代戏曲家张大复《梅花草堂笔谈》中的一句话广为流传："茶性必发于水，八分之茶，遇十分之水。茶亦十分矣；八分之水，试十分之茶，茶只八分耳。"这句话更准确地概括了泡茶用水的重要性。茶叶的品质，只有在用水冲泡后，才能最终评定，而茶的滋味、香气和茶水的颜色很大程度上由水的软硬、清浊等因素决定。

茶说

自来水大部分来自江河湖泊，一部分来自地下。为了保证引来的水符合饮用标准，这些水会经过澄清、过滤、消毒灭菌等程序，再通过管道输送到千家万户。

这其中，会产生一些影响茶水品质的因素，如灭菌使用含氯物，管道和分蓄水池的污染等，最重要的还是水的质地——不管如何净化，水中的钙离子和镁离子都不离不弃，加热之后，它们就从离子状态变成大分子的碳酸钙与碳酸镁，成了肉眼可见的固体，也就是水碱（水垢）。

水碱越多，说明水的硬度越高。

当水的pH超过5，茶水颜色就会加深；超过7之后，能够让茶水看起来鲜亮，且具有降血脂作用的茶黄素就会氧化，从而使茶水浑浊而深暗。与此同时，硬度高的水很难让茶叶中的有效成分得到充分溶解，所以在口感、滋味和香气上都有所损失，茶的香甜鲜爽不再，柔滑的茶水会变得滞涩。

水碱就像阻挡在水与茶之间的"尖刻的父母"，不仅不愿成全水与茶的结合，还不断地加以破坏。看着茶叶在水中那么不精神，茶水自然失去了清纯的模样，颜色变深、变黑，没有光泽，看起来就像《哈尔的移动城堡》中被施了魔法迅速变老的苏菲。茶水很快就会现出酱油汤色，茶杯杯壁边缘还附着深黄色的茶垢，茶水水面上也会有一层薄膜状的、泛出金属光亮的东西。

自来水的水质各个地方可能有很大差异，有的地方自来水好过买来的纯净水。

时至今日，取天下几大名泉水泡茶，对绝大多数茶客来说是奢求，我们能用什么水冲泡我们心爱的茶？

去找山泉水，
八分的茶泡出十分的香与甜

物
语

对于茶来说，最好的水是最天然、最单纯的水——杂质越少越好，经过的处理工序越少越好，受污染的程度越低越好……但这样单纯的水，也需是经过一些历练的，最好能从砂岩之中奔涌而出，受山峦翠林的浸润，带着从砂石中经年累月地吸收的矿物精华，以原始质朴的状态与茶融为一体。

人间，这样的水，只有山泉水。深藏山林之间，如待字闺中的少女，难以谋面。

"茶圣"陆羽在说到泡茶的水时说："其水，用山水上，江水中，井水下。"山水，说的就是山泉水。他经过

无数次的反复尝试之后，发现山泉水可以让茶水颜色明亮，而且能激发出茶最好的味道，不管是以眼、用鼻，还是细品，茶都是最好的模样。其次是奔腾的江河水，最末是相对静止的井水。

在陆羽看来，流动的水更有活力，正好与一直静静生长的茶相配，而且活水跟茶一样，都受到锤炼而不改其性，至真至纯，是天作之合。以现代科学的角度来诠释，流动的水冲刷过砂石，走过山涧，经历过自然的过滤，且富含矿物元素，水性极软，口感清甜，同时呈弱碱性，跟呈碱性的茶叶正匹配，可以减少对胃部的伤害。

相比起山泉水和江河水，井水虽然也从地底而出，但一直静止不动，杂质较多，而且一直在浅表，易受污染，自然是位列其末。

茶
说

一位专职茶师曾为我们泡了两杯茶，茶叶是普通品级的铁观音，她说："同样的茶，不同的水，尝尝有什么区别？"两杯茶，先后碰触唇舌，一杯汤水滑顺，格外香甜滋润，回甘中隐隐的花香回旋在舌底喉间；另一杯就是一杯普通茶水，无可圈点。茶师说，那一杯与众不同

的，就是用特意取回的山泉水冲泡的。

这山泉水，就是十分之水，能让八分的茶有了十分的清香与甜蜜。

然而偌大的都市，车水马龙，人来人往，哪里能找到天然的山泉水呢？还是有的，只是要用心去找。比如玉泉，当年乾隆亲测天下泉水的轻重，让内务府用银斗测量了当时最有名的济南珍珠泉、镇江中泠泉、无锡惠山泉、杭州虎跑泉、北京玉泉等，结果玉泉山和伊逊山泉的水最轻，被乾隆认定为最好的水，他赞其为"天下第一泉"。从此之后，清宫之内只饮用玉泉山水。

如今，玉泉山已经成为京城百姓最常饮用的天然山泉水，几乎每个周末，那里都是一条长长的人龙。人们手中拿着水桶，每次都要打满几桶，兴高采烈地背回家泡茶、煲汤。

"除了玉泉山，北京郊区还有很多山泉水，比如平谷泉水峪、门头沟的樱桃沟。"茶师一边冲茶，一边说，"虽然远，来去不便，但好水难得也是常理。我们每个月去两次，取来的水只用来泡茶，也是修行。"

态度

好茶，好水，这是爱茶之人的初心和最终目标。以现代科技的力量，好茶易寻，好水却难觅，于是喝不到十分的茶水，就成了心中一块小小的遗憾。

哪怕不能天天喝到十分精彩的茶，也应尽力去寻找，如茶师所说，这也是修行。

挑一个晴好天，颠簸几个小时，到郊区去寻找山泉水。或是盘山而行，或是拾阶而上，穿梭在层峦叠翠之间，不辞辛劳，也要寻一捧清泉，化作茶杯中明亮甘香的茶水，这就是爱茶人的痴心。

为好茶找到一心相许的水——这世上，钟情的人与事，哪一件不需要费些力气呢！

自来水，处理一下也可以泡好茶

茶
说

如果寻不到时间跋山涉水去取一瓢山泉，又觉得自来水泡茶实在便捷，不妨对自来水做一些处理，那之后泡茶，也一样能带出茶香。

常见的处理方法，恐怕是在厨房水龙头的下面安装过滤器。常见的过滤器大多是通过活性炭、压缩炭、PP棉等进行大分子过滤，它因价格低廉而受宠。还有一种方法比较复杂，采用的是超低压逆渗透技术，可以去除水中的重金属离子及钙、镁等矿物质和一些杂质，烧开的水不会产生水垢，更适合用来泡茶。

物语

过滤器跟生物一样有寿命，大概时隔半年就需要更换一次滤芯。同样，它跟人一样有好有坏，不得不擦亮双眼来挑选。

选专一的

有的过滤器，由几个滤芯构成，人们总是觉得滤芯越多，过滤的次数越多，最后流出的水就越纯净。可事实上，这些滤芯就像自来水从江河湖泊经过的若干管道一样，天长日久积累的细菌、杂质会对已经含有各种消毒剂的水造成二次污染。所以，要挑就挑个高性能单只滤芯的过滤器，足够专一地保护水质。

活性炭的能力一直都在

大概因为活性炭被用到了许多地方，比如一个十几块钱的活性炭包可以净化空气，它还被做成了各种护肤品，所以显得非常不专业，大家似乎对它已经丧失了信任度。但一个技术控朋友却告诉我，活性炭依旧是自然界最好的天然过滤材质，是净水器的首选。

不管一种净水器广告说得多么神奇，只要不用活性炭，净化出的水都会有口感上的缺失。当然，活性炭也有高低贵贱的分别，颗粒状和粉末状的活性炭价格低廉，但作用不明显；活性炭棒虽然价高，但过滤效果更为彻底一些。所以，选择活性炭棒类的净水器，泡出的茶丝毫不逊于纯净水。

自然过滤

如果此时家中没有过滤器，也不必担心，提前把自来水盛在干净的容器里（最好是陶罐或麦饭石罐，这两种材质有强大的吸附重金属并释放钠、钾等矿物质的能力），让它自然地呼吸一个昼夜，用以挥发和澄清影响口感的有害物质，第二天再烧开泡茶即可。烧开的过程，其实也是一次对水的净化。只是要注意，在水开之后，要掀开茶壶的盖子，散去水中除菌剂的味道。大概5分钟左右，异味基本上消失殆尽。

少了水垢，没有了重金属，散去了一身的异味，自来水又变回了水该有的模样，茶最钟爱的模样。

总有一款适合你，多尝试几种天然矿泉水

茶说

　　白居易在一千多年前写道："动者乐流水，静者乐止水。利物不如流，鉴形不如止。"人天性的开朗与沉静，决定着对水形态的热爱，而这个世上，再没有比水更厉害的东西。流动的水可以在天长日久中磨掉一块大石的棱角，可以带走泥沙，以滚滚之态吞没人间的一切，凶猛可怖；而停在那里的水，安静得如同一面镜子，可以照出红花绿柳，能照出世界的美丑。

　　茶水是安静的，它停在杯中，能鉴形，能问道。然而茶最爱的水，却是要奔流不息的，因而很多爱茶的人总是不甘心拿死水去冲泡它，于是有痴情者，一定要到山间取水。而有些人，却是爱极了天然矿泉水。

态
度

乍看来，矿泉水和山泉水没什么区别，同是富含矿物质，但山泉水比矿泉水更加活泼，从山林水涧中而来；矿泉水则来自地下深处，要么受压力而自然喷涌，形成泉眼，在周围慢慢养出一片深潭，要么被人工挖掘而出，它的水温、成分、流量相对稳定，可以进行深部循环，富含微量元素或矿物盐，因此部分地区的矿泉水口感偏咸，不能直接饮用。

矿泉水是在特定地质条件下形成，并存在于特定地质构造岩层中的矿产资源，微量元素更加多元化，而且可以直接参与人体的新陈代谢，更符合人体的健康需求，是大自然给予人类最健康的水资源之一。

用矿泉水来泡茶，茶水虽然不如山泉水泡出的那样清亮，但由于极大程度地保护了茶多酚，所以不仅口感上更能本真地还原茶的味道，而且具有极高的营养价值，可以帮助人体激素、核酸的代谢。

但天然的矿泉水实在难寻，有位朋友曾为此去过泉城济南的茶馆里品尝"天下第一泉"趵突泉水；也在黑虎泉边跟当地人一样装满小桶，回到酒店自己冲茶；也去过西湖，饮过虎跑山脚的泉水；还在无锡的惠山跟朋友讨过一杯"惠山上池"的茶水……

可普通人爱茶，却没有那样的执着去寻访山川。因此，想喝到天然矿泉水，只能选择市场上的瓶装矿泉水。

然而市场上各种品牌、价位、产地的矿泉水琳琅满目，质量参差不齐。那位朋友为了挑选合适的矿泉水，几乎尝试了其中的大半。结果他认为并不是所有矿泉水都货真价实。

物语

你或许也一样，对矿泉水市场不太放心。不要紧，有方法可以鉴别：

一、看名称。国家要求在瓶身上标注"纯净水""矿物质水""山泉水""矿泉水"，购买时要看清楚。

说到了矿物质水，很多人认为它跟矿泉水相差无几。可事实上，矿物质水完全由人工合成，先将自来水净化，再加入矿物质浓缩液，其中还添加了氯化钾、硫酸镁等食品添加剂，泡出的茶水颜色深，口感生硬。即便不泡茶，经常饮用对身体也没有好处。

二、矿泉水一般会标注水源地。只要是取自天然的水，都会在瓶身上标注水源地，没有标注的最好不要买。

三、矿泉水或山泉水在瓶身上有矿物质特征指标。国家对矿泉水有九项矿物质界限指标，分别是锂、锶、锌、硒、溴化物、碘化物、偏硅酸、游离二氧化碳和溶解性总固体，其中锂、锶、锌、碘化物的界限指标为$\geq 0.2mg/L$，硒$\geq 0.01mg/L$，溴化物$\geq 1.0mg/L$，偏硅酸$\geq 25mg/L$，游离二氧化碳$\geq 250mg/L$，溶解性总固体$\geq 1000mg/L$。有一项及以上达到指标要求，就可以定义为矿泉水。而这些矿物质指标都会标注在瓶身上，购买时可以仔细查看。

一旦确定是真的矿泉水，就可以放心地将其跟茶融为一体了。然而不同品牌的矿泉水，矿物质的成分与含量不同，口感便有了细微的差别。如果对质量有近乎苛刻的要求，可以选择来自日本神户、阿尔卑斯山脚、斐济等地的矿泉水，价格自然昂贵。

高端和中低端品牌的矿泉水，最后冲出的茶水口感都很难品出那种令人惊讶的天差地别，所以只要是真正的矿泉水，就不算辜负茶的天真醇香。

古代人择水的小故事

态度

茶与水的相遇，是一场命中注定，随意碰撞就是一个故事，装着人间的爱恨情仇与性情气度。就像曹雪芹在《红楼梦》里写妙玉对宝玉的爱意，全都融进了在栊翠庵的那一次吃茶。

妙玉请宝钗、黛玉喝茶，黛玉问那泡茶的水是否是旧年的雨水，妙玉笑道："你这么个人，竟是大俗人，连水也尝不出来！这是五年前我在玄墓蟠香寺住着，收的梅花上的雪，统共得了那一鬼脸青的花瓮一瓮，总舍不得吃，埋在地下，今年夏天才开了。我只吃过一回，这是第二回了。你怎么尝不出来？隔年蠲的雨水，哪有这样清淳？如何吃得！"

只是这样一种水，只是对刻薄的黛玉的几句奚落，妙玉那清高孤傲的性格便跃然纸上。然而，她可以轻视任何人，唯独无法轻视宝玉。当宝玉跟进来讨茶喝，她一边打趣，一边又情不自禁地"将前番自己常吃茶的那只绿玉斗来斟与宝玉"。她那样嫌恶别人腌臜，却不介意宝玉用自己的茶盏。这样的感情细腻又不能见光，只在这一盏茶中慢慢溶解。

水与茶，就似这萌芽的爱情，看似含蓄平静，心里却早已火热。也不难晓得，古人对泡茶的水，看得如何重要。

茶说

最早对水提出要求的唐人刘伯刍，坚信不同水泡出的茶味不同，于是亲身寻访实践，走遍千山万水，终于得出"宜茶水品七等"：

扬子江南零水第一；

无锡惠山寺石泉水第二；

苏州虎丘寺石泉水第三；

丹阳县观音寺水第四；

扬州大明寺水第五；

吴淞江水第六；

淮水第七。

不久之后，有个同样爱茶成痴的人决心按照他的排名去一一验证。他走了更多的地方，尝过了庐山康王谷水帘的水，品过了洪州西山西东瀑布的水，验过了郴州圆泉水……历时数十载，将最好的光阴都抛在路上，最终才有了传世至今的茶中圣经，他的名字——陆羽也成了茶的代名词。

陆羽对水的敏感与熟识到了什么程度，一件小事可以管窥。

据说当年湖州刺史李季卿路过扬州，慕名拜访陆羽。他说扬子江南零水名闻天下，是泡茶之极品，既然遇到了最懂水的陆羽，一定要跟他要杯茶喝。陆羽派小厮去南零水取水，准备招待贵客。片刻之后，小厮拎着几壶水回来。陆羽倒了几滴在木勺里，旋即又都倒了出去说："这不是南零水，是岸边水。"小厮红了脸颊，愧色难当。原来，南零水泉眼在江的中心，取水非常难，小厮便投机取了岸边的水回来。李季卿看到这一幕，才相信陆羽名不虚传。

悦己

其实，对水的严格，是爱茶者的共性。在陆羽之后的半个多世纪里，唐朝出了一位爱茶如命的宰相李德裕。这位宰相有踔绝之能，却以爱茶为后人知晓。

南唐著作《中朝故事》中记载，李德裕喜欢用江南水来泡茶。有一次，他的好友要去江南公干，他便托好友带一壶南零水回来。谁知好友忙于公务，又有诸多应酬，将取水的事忘得一干二净。直到返回长安的途中路过南京，他才猛地记起这件事，然而已离开南零水，返程又要费许多工夫，于是就近取水，将建业石头城的长江水打了一壶，心想南零水也汇入长江，应该都一样。

回到长安，老友将水交给李德裕。李德裕迫不及待地煮水泡茶，可第一口下去，他便皱了眉头，说这南零水怎么跟往年不一样，味道差了许多，像极了石头城下的江水。老友见状愕然大惊，他第一次亲见有人能准确辨出水的味道，还能从味道推出地理位置。

到了宋朝，苏东坡也是这样一位对水极为挑剔的人物。相传，苏东坡住在宜兴蜀山的时候，喜欢用画溪中段的水泡茶，每天都会遣书童去取水。这一天书童贪玩，误了取水的时间，便在最近的下游取水。苏东坡一尝便知味道不对，于是找来书童对质，书童只好承认。此后，为了监督书童，苏东坡便用竹片做了两只"调水令"，一只交给画溪中段渡头的船家，一只交给书童，书童每次必须去船家那里交换竹片才算过关。

或许不该将古人对泡茶之水的要求定义为"挑剔"，因为他们认为好茶就应该由好水来浸润，就像文人应该入仕，习武应该报国，相爱就要在一起一样自然而然，是一种真正意义上的天作之合。于是，为了寻求好水泡茶，可以不远万里，可以长途跋涉，可以翻山越岭，不辞劳苦，皆因他们觉得跟好水的每一次相遇都是久别重逢。

物语

即使不能跨越万里之遥，也要想方设法将水变得更好，于是他们创造了洗水和养水的方法。

洗水有石洗、炭洗、水洗之分。石洗是用岩石将水过滤；炭洗是用干土、木炭过滤。这才恍然大悟，原来现代的过滤器也不过是仗着古人的智慧罢了。水洗是乾隆所创，当年他酷爱离宫出行，随驾一定会带着玉泉山的水。但路途遥远，水难免会变质。由于玉泉山的水最轻，所以他想到用其他的重水跟玉泉山水搅在一起，沉淀之后，轻水在上，重水在下，这样泉水被洗过一次，又焕然一新。

养水最初是用来养山泉水，山泉水一旦离开山间岩石就会丧失原先的味道，于是古人挑选泉水源头的石头，跟水一起烹煮，可以保持原味。然而山泉水始终难得，井水倒是常有，于是爱茶的人又想出了"以露养水"的方法，将井水煮开后倒入瓮中，夜里开瓮以露水滋养，三天之后，井水有了泉水的口感。

这些方法未必科学，却是一种自发的情趣，由茶而来，由人而往。生活枯燥，就在这些小事上制造些清幽雅趣，何尝不是在舒缓压力。

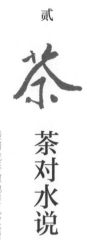

茶对水说

最初我娇嫩地餐风饮露，
盼望长大。
突然离开枝头，
历经苦痛，
终成正果。
愿在你的爱恋中涅槃重生，
请给我需要的热度。

细嫩的茶叶说：我怕烫

态度

北方春天的温暖，总是要等五月才能感知。三月太冷，四月冷热不定，只有五月温度才持续上升，此时风吹在脸上有了暖意。街边的绿色开始努力生长，阳光投来最美的光线，为地上的绿色添了一道金边。

而此时细嫩的茶叶也初来世上，带着崭新的、与春天融为一体的绿色，散着一身清香，袅袅娜娜落入杯中，与水欢歌。那青葱可爱的模样，在玻璃杯中慢慢舒展，清香被氤氲带出，就像看种子在春天发芽，是生命的迹象。

偶然想起小时候，祖母最爱喝这样的茶，我也学着她的样子，在杯中丢一撮茶叶，用滚开的水浇注，她一把揽住我说："这细嫩的叶子最怕烫，一烫就死了。没有生命，茶水也不好喝。"

那时觉得祖母小题大做，甚至言过其实。长大后研究茶才明白，水温是成全茶味的至关因素。

物语

宋人蔡襄有本《茶录》，里面记载："候汤最难，未熟则沫浮，过熟则茶沉，前世谓之蟹眼[①]者，过熟汤也。沉瓶中煮之不可辨，故曰候汤最难。"

候汤，就是煮水的过程。水煮不够时间，水温不足，茶香味不出，而且茶叶浮在水面上，喝一口满是茶叶；煮过火，水温过高，又会掩盖了茶叶的香味，茶水发涩。一定要是刚刚沸腾的水，立刻离开火，才能成就最好的茶水。

茶说

然而，不是所有茶都中意沸腾（100℃）之水，像细嫩一点的绿茶，特别是名品，比如西湖龙井、碧螺春、信阳毛尖、六安瓜

注：唐人多用"鱼目""蟹眼"比喻煎水的成色。

片、黄山毛峰、都匀毛尖等，就最怕沸水。

　　绿茶是用茶树刚刚长出的新梢制作而成，期间经过杀青、揉捻、干燥等步骤，最终变成我们常见的模样。因为未经发酵，所以保留了更多的天然物质，比如我们耳熟能详的茶多酚、叶绿素、氨基酸、维生素，还有我们不常听到的儿茶素、咖啡碱。

　　这些成分具有消炎、杀菌、抗衰老的功效，可一旦经过沸水的冲

击，维生素等脆弱的物质就会瓦解，绿茶的功效也自然大打折扣。更何况，口感还会变得苦涩，原本属于青春的香气变得老沉，闷在水中，真的失去了生命。

所以，冲泡细嫩的绿茶，最好的水温是烧至100℃后等其晾到80~85℃。可以先倒水，再放茶叶，看着一片片嫩绿在水中舒展开来，缓缓落入杯底，似是偷来春色在杯中。在春日暖阳中，好像又回到了小时候，故人还在，一切都是怀念中的样子。

中档茶叶说：没关系，我喜欢热情似火

茶说

茶跟人似，不同的品种、等级类似不同的个性，有的含蓄内敛，喜欢温热；有的则热情奔放，钟情火辣。就算是娇嫩怕烫的绿茶也分出了三六九等，高档绿茶不能用沸水，而中低档的绿茶因为少嫩芽、茶叶条索粗大而喜欢百分百的沸水。

除了绿茶，花茶、红茶等品种中的中档茶也都喜欢热情似火的水温。

茶友们曾做过类比，以花茶中最常见的茉莉花茶为例，分别选用了茉莉花中的贵族金茗眉和中档的银毫。将它们放在两只玻璃杯中，用80～90℃的水分别冲泡。

金茗眉在遇水后开始展现自己的媚态——原本卷曲的叶片缓缓舒展，变成了还在茶树上时的样子，它上下沉浮，似是在水中起舞；茶水渐渐有了颜色，香气扑鼻而来，很快弥漫四周，整个房间都散发着茉莉的花香与茶香。品一口，任由茶水与舌头缠绻，吞下后暖意从喉头蔓延至胃部，继而浑身都是暖的，香味也随之从每个毛孔里散发出来。

然而，银毫并不是那样开心欢畅，它带着被人类分出的等级，自卑地浮在水面上，良久才愿意沉下去，同时难以展开身躯，口感也偏涩，在舌面上造出了麻麻的味觉感受。

换用刚刚煮沸的水来冲泡银毫，苦味则明显减轻，花香混着茶香如觉醒一样冲出杯底。

物
语

之后研究人员又换不同的茶，做了大量的对比实验，发现对于中档茶来说，水温越低，越难激发茶里的有效成分，茶味或是不足，或是发涩。只有刚刚沸腾的水，才能激发出这类茶的至美口感。

我们可以在世俗中为茶分出等级，但这并不意味着中档茶不能泡出理想的香味。茶，人，都有资格活出最有尊严的样子。

乌龙茶说：让沸腾的水来得更猛烈些吧

态度

/

　　如果你知道采茶人要多辛苦才能保住乌龙茶的灵魂——香气，就不再忍心用不适合的水温来折磨它。

　　在晴朗的午后，采茶人顾不及吃午饭，必须赶在中午12点采摘乌龙茶，而且要一直持续到下午4点，因为这个时段的阳光最为充足。他们用拇指捏住叶子的梗部，夹在弯曲的食指上，快速地摘取，不能用指甲去掐，防止它的新鲜受到伤害。

　　被摘下的乌龙茶可以躺在竹箱篱里，贪婪地吸收阳光和沐浴清风，将身体里的部分水分蒸发，让叶子变得柔软，同时随着体温的升高而挥发掉一部分沸点低的芳香物

质，并伴随着一系列的化学变化，让它天生带来的矿物质和有利于人体的微量元素变得更容易被人体吸收。这个过程叫做萎凋。

物
语

萎凋结束后，制茶的工匠要进一步促成茶叶内的酶转化，也就是发酵。他们通过摇青，将萎凋中一动不动的茶叶激活，使其更容易发酵。

最后，为了保留乌龙茶最好的香气和味道，必须先在80～85℃的温度下烘焙4～6小时，第二天再在75～80℃的温度下烘焙2～3小时，不能让过高的温度伤害了容易挥发的香气。

有趣的是，烘焙温度不易过高，但落入杯中之后却必须用100℃的水来冲泡，才能完全释放出乌龙的茶香和滋味。

就像一段人生，先要经历一段低调的积累，才能在沸腾到来时完美展现自己的香味。

边销茶说：煮我吧，让我更畅快

态度

　　过节放纵，不知不觉吃了一肚子油腻，又逢阴天多云，肝胆和心情都隐隐有那么些不快。这个时候有一碗黑砖茶，帮助消化、解除油腻是最好不过。于是用茶刀切下一块，丢在已经煮沸的水里，让它尽情熬煮。

　　黑砖茶这样的边销茶，具有跟西南少数民族一样的粗犷性格，长得粗糙憨厚，冲泡也偏爱已经沸腾的热水和大火。

物语

边销茶，也被简称为边茶。它不是茶的种类，而更像一种政治称谓，因为它是由中央政府专供给边疆少数民族饮用的茶品。从唐朝边疆少数民族与汉族进行贸易往来开始，销往边疆的茶就都由中央集中调控，像宋、明、清都设有"茶马司"，专门负责监督和促进此项贸易。

边销茶的种类多以黑茶为主，比如四川雅安的康砖、金尖，湖南的茯砖、黑砖、花砖，湖北的青砖和黑砖等，当然也有红茶和云南普洱紧茶。

之所以黑茶为主，是因为边疆少数民族繁衍生息的地方盛产做黑茶的原料，像云南、四川、陕西。于是毗邻这些地方的西藏、内蒙古等地也多以黑茶为主。而且黑茶中丰富的咖啡碱、磷脂、氨基酸、维生素等能够帮助脂肪代谢，增加胃液分泌量，从而有助于消化，这对于常年以

肉为主、缺乏蔬菜的边疆少数民族来说是维系身体平衡的重要方式，于是藏族同胞常说"加察热，加霞热，加梭热（茶是血，茶是肉，茶是命）"。

茶说

"边销茶一定要熬煮"，一位藏族朋友反复叮嘱我。他说他们祖辈都这样熬煮边销茶，至于为什么他不太清楚，但他试过用开水冲泡，发现口感苦涩，难以下咽，熬煮出来后却有一种别样的浓香。

其实，云贵、川藏这样的高海拔地区，水是永远无法到达100℃沸点的，也只有不断用大火熬煮才能逼出茶的香味。不过有专家研究发现，边销茶的营养成分也的确需要熬煮才能完全释放。

造物主真是神奇，让青藏高原那样高高地隆起，高到不能生长蔬菜，高到不能煮熟饭菜，于是便顺手种下了制作边销茶的原料，等待人类依靠自己的智慧去解决体内油脂过剩的问题。恐怕也是人类太过聪明，才能于苦寒中找到生存方法。

60~100℃水，茶各有所爱

态度

　　一抹春阳，透过庭院亭亭如盖的大树，落在地上碎成斑驳。那人用小炉煮着一壶水，手边或许是一只盖碗，或许是一只茶壶、几只茶盏，他慢悠悠扇着火苗，也许手中还有一只笔，随时记下涌上心头的诗句。不消多时，水沸腾起来，水面冒出许多蟹眼小泡，还有鱼鳞一般的波纹。仔细听，沸腾的水在壶中发出声响，如松涛带雨。这时水刚好冲茶，在杯中形成翠绿。他想，如果能以茶代酒会与知己良朋，倒是免去了醉酒的辛苦。想到此处，正好文思泉涌，于是急急下笔，在纸上写道：

　　"香泉一合乳，煎作连珠沸。时看蟹目溅，乍见鱼鳞起。声疑松带雨，饽恐烟生翠。尚把沥中山，必无千日醉。"

最后落款：皮日休。

古来像皮日休这样爱茶的文人墨客，都与茶惺惺相惜，懂得爱护它，懂得欣赏它，于是便知道什么样的茶用怎样的水温能更加美味。时隔千年之后，这一点依旧非常重要。

茶说

绿茶：比较常见的有西湖龙井、碧螺春等，这类高级绿茶最细嫩新鲜，非常怕烫，把沸水晾至80～85℃冲泡最好，甚至洞庭碧螺春可以用70℃的水冲泡。如果水温过高，茶水变深，香味遭到破坏，绿茶变"熟"，那娇羞的清甜就再也尝不到了。黄茶和白茶亦是如此。

红茶：红茶是全发酵茶，喜欢100℃的沸水，只有这个温度才能将它体内的有益成分溶解出。不过，一些出身贵族的细嫩红茶也可用90℃的水冲泡，比如祁门红茶。红碎茶、袋装的红茶，可以用95℃的水冲泡。

花茶：一些低档的花茶粗枝老叶，必须用100℃的沸水才能冲出香味。而高档花茶，比如毛峰、银毫、春芽、东风等可以降低水温，用90℃的水冲泡。

乌龙茶：铁观音、大红袍等乌龙茶，要的就是浓郁茶香，茶要放得多些，水的温度也要100℃才够痛快。水沸腾后马上冲泡，第一泡倒掉，从第二泡开始饮，那香味在嘴巴里横冲直撞，可又舍不得张嘴让它跑掉，最后只缓缓从鼻腔中呼出来，竟然也带着香味。

边销茶：以黑茶、普洱为代表的边销茶最是豪气，颇有不拘小节的大侠之风，沸水无法满足它们，只有在壶里或茶锅里熬煮才能尽情释放茶味。

在这冷暖世道，茶、人，如有良伴对自己嘘寒问暖，那真是最好的人间。

火

火对水的一往情深

你冷冷的，
快来我怀里。
它喜欢你热，
我给你温暖，
让你火热。

火沸腾水，再送它与茶邂逅

态
度

/

　　距今九百多年前的一天，王安石刚刚实行变法，上至朝纲，下至庶民，都在变革中惶恐。人们对于新生事物及其带来的震荡，总是先恐惧排斥，之后才可能去了解和接受。以苏轼为代表的保守派也同样如此，只是他们根本不想去接受。

　　苏轼不仅不接受，还积极反对。特别是在变革科考制度的时候，苏轼更是出言讥讽。王安石要取消历来考试中的诗词歌赋、帖经墨义，打算以政策论文为主，考验天下学子在治国方面的见识。苏轼认为文人不做文章，就等于武将不习武，中华文明得不到继承，跟亡国没什么区别。于是他写了一首诗，名叫《试院煎茶》：

"蟹眼已过鱼眼生，飕飕欲作松风鸣。蒙茸出磨细珠落，眩转绕瓯飞雪轻。银瓶泻汤夸第二，未识古人煎水意。君不见昔时李生好客手自煎，贵从活火发新泉。又不见今时潞公煎茶学西蜀，定州花瓷琢红玉。我今贫病长苦饥，分无玉碗捧蛾眉。且学公家作茗饮，砖炉石铫行相随。不用撑肠拄腹文字五千卷，但愿一瓯常及睡足日高时。"

大意是如今科考以政策议论为主，那文人还读那么多书干什么，只需要每天煎茶取乐，吃饱睡足就可以了。虽然讥讽之意力透纸背，但也的确是一首把茶与火的关系描写透彻的茶诗。

茶
说

　　如果说水与茶是命中注定，那火是将这场注定变成实实在在的机缘的推手。如果不是火沸腾水，水又如何带出茶香。

　　无水无茶，无火亦无茶。

　　火对茶来说，最直接的表现就是水的温度。宋人庞元英说："俗以汤之未滚者为盲汤，初滚者为蟹眼，渐大者曰鱼眼。"温度越高，水会冒出越大的气泡。在初沸腾时，气泡像蟹眼一样小而密集，随着温度不断升高，气泡也大到了像鱼眼一样。苏轼提到"蟹眼已过鱼眼生"，水已经到了沸腾的程度，正是可以冲茶的时候。

　　而火将水送到沸腾并不是完结，还有所谓一沸、二沸、三沸，陆羽说"其沸如鱼目，微有声者为一沸，缘边如涌泉连珠为二沸，腾波鼓浪为三沸，已上水老不可食也"。火大过头，三沸之后就是老水，再也泡不出茶的清韵。

事实上，古人认为"老与嫩，皆非也"，老水虽然析出了全部矿物质，但有害的亚硝酸盐也被带出，并且随着水的蒸发而累加。而嫩水，即未煮开的水，矿物质没有被析出，口感生涩，也无法充分溶解出茶中的有益物质和芳香。

苏轼还提到"贵从活火发新泉"，活火是不断用扇子扇，让炭火充分燃烧，火力不断提高，只有这样才配得上从山林、地下源源不断流出的活水。而泉水只有经过活火沸腾，才能杀死一些有害物质，让它富含的矿物质更利于人体吸收。

物
语

其实关于火与水的温度，古人的研究远比这些细致，明朝的张源著有《茶录》，其中说到：

"汤有三大辨、十五小辨。一曰形辨，二曰声辨，三曰气辨。形为内辨，声为外辨，气为捷辨。如虾眼、蟹眼、鱼眼、连珠，皆为萌汤；直至涌沸如腾波鼓浪，水气全消，方是纯熟。如初声、转声、振声、骤声，皆为萌汤，直至无声，方是纯熟。如气浮一缕、二缕、三四缕，及缕乱不分，氤氲难绕，皆为萌汤；直至气直冲贵，方是纯熟。"

掌握冲一杯好茶的火候，耳目唇舌都不能偷懒，偏要火力适中，才有适度的水温去跟茶相好。人和事又何尝不是如此，适度才能圆融而不奸猾，淳善而不受人欺辱。这人生的一进一退，就在火力的一息一灭之中。

水对火说：
我更钟意炭

态度

/

　　大雪簌簌，一夜间就白了枝头。此时，最好是有一个
小小的炉子，在里面烧些炭火，将茶壶放在上面煮水，双
手围着炉火，饮茶的雅趣就添了几分贴近生活的驱寒作用。

　　我小时候常常见到这样的画面。

　　那时父母还年轻，周末歇在家里，烧红小炉子，在上
面煮水。等到水开了，就倒在茶碗里冲茶。他们喝茶不讲
究，也不单纯是为了解渴，我想应该是跟大多数人一样，
希望用茶的芳香，以及冲泡茶的闲逸过程来治愈生活中的
劳苦。或许是从那时起，我闻到炭火的味道就格外亲切，
也总觉得只有用炭火煮水，冲出的茶才最美味。

研究茶之后我才豁然明白，炭火其实是水最中意的伙伴。陆羽在《茶经》里说："其火，用炭，次用劲薪。其炭，曾经燔炙，为膻腻所及，及膏木、败器，不用之。古人有劳薪之味，信哉！"

茶说

木炭是最佳的选择，其次是硬一点的柴禾，比如桑木、槐木、桐木、栎木等。但曾经烧过的炭，因为有了膻味而不能使用。同样的，那些富含油脂的木头，比如柏木、桧木等，以及腐败的木器也不能用来煮茶，否则茶中会有"劳薪之味"。

劳薪是指用过的木柴，最早出于《晋书·荀勖传》，说荀勖跟皇帝一起吃饭，吃着味道有劳薪之感，皇帝问厨师烧了什么柴，厨师说烧的是废弃的木车。此后，劳薪之味便跟陈旧、腐败的味道联系在一起。

我从前问过茶师，是否真的有这种味道，他特地搜刮了些旧家具的废料，烧在炉子里烹茶，那烟火刺鼻是自然的，更是串到了水里去，一

种烟熏火燎的口感，泡出的茶自然也失了味道。

古人为了验证炭是烹茶的最佳伴侣，真可以说是煞费苦心。比如唐代的茶痴苏廙，他曾用多种燃料来煮茶，有木炭、硬柴，也有粪、竹条、树梢等，最后发现"粪火虽热，恶性未尽，作汤泛茶，减耗香味"；竹条树梢"体性虚薄，无中和之气，为茶之残贼也"；起烟的木柴也不是最好的，因为"汤最恶烟"；只有炭最好，它没有烟，没有异味，有火焰，且能持久。

物
语
/

用炭也是极讲究的，最好的炭是橄榄炭、荔枝炭、龙眼炭，它们不是用果木烧制而成，而是直接用橄榄、荔枝、龙眼烧制而成，点燃不仅

没有呛味，还有一种果香味。可惜的是，荔枝炭和龙眼炭的烧制工艺如今几乎失传，只有橄榄炭被潮州的爱茶人士保留了下来。但因为制作复杂、原料昂贵，所以橄榄炭的市价一路走高，如今每斤在百元左右。

古人烧炭火时先用扇子猛扇，他们认为火必须先快速旺起来，水才不会失去鲜嫩，变得"老熟昏钝"。

如今在室内冲茶，炭火的使用要格外小心，一来是因为明火，存在安全隐患；二来是因为炭燃烧不充分会产生一氧化碳。因此可以选择如今最常见的机制炭，它是用木材的边角料、锯末等加工而成，燃烧后释放的一氧化碳量较小，而且容易购买，经济实惠，更为环保。

用炭时要保证室内空气流通，炭火周围要隔绝一切易燃易爆物品，炉子下面要放置类似耐火砖、铁制硬盘等隔离物，防止过高的温度伤害桌子或地板。

只要小心使用，炭火带来的就是穿越时光的古朴乐趣，似乎透过炭火可以看到穿着素衣的古人在庭院里扇着炉火，再加一点炭，烦恼被抛诸脑后，只消享受这片刻的静好时光。

红泥小火炉，有茶，来饮否

态度

/

　　有炭，自然要有火炉。如果恰逢秋高气爽，蓝天如洗，约上两三好友在家中小坐，正好他们也没有什么急事，于是点燃小炉，摆几道茶点，听着火炭嘶嘶作响，水慢慢发声、煮滚，冲在茶壶里，满屋芳香，什么人间幽怨、烦恼琐事，统统忘得一干二净。所谓悠然自得，正是如此。

　　最适合的火炉，莫过红泥小火炉。陆羽在提到他煮水的火炉时说："其炉，或锻铁为之，或运泥为之。"锻铁火炉少了些泥土芬芳，多了些铁器冰冷，似是高傲无情，所以古来文人骚客最爱泥炉，其中又以红泥小火炉最甚。

茶
说

　　白居易写道："绿蚁新醅酒，红泥小火炉。晚来天欲雪，能饮一杯无？"那一只朴素简陋的小火炉，端放在白居易的面前，火光摇曳照亮了暗夜的屋子，也照亮了杯中新酿的米酒。外面风雪交加，寒意逼人，屋里空空荡荡，只有一只火炉相伴，满腹愁苦无人诉说，于是白居易想起了远方的友人，想托北风问问他，能来同我喝上一杯吗？这寒夜的冰冷，恐怕只有友情才能驱赶。

于是，在这意境之中，红泥火炉就化身为挚友，在寒夜中带给人无限温暖。

物语

最好的红泥炉来自广东潮州。潮州人爱喝茶，而且以工夫茶著称。人们都说，喝茶有四宝："宜兴紫砂壶，景德镇若琛杯，枫溪砂桃，潮阳（潮州古称，现指潮州潮阳区）红泥炉。"潮州盛产红泥，也称朱泥，属于紫砂泥料。它含有大量的氧化铁，生土是黄色，烧制后变成红色。由于它不含砂，质地细腻柔韧，所以可塑性比紫砂泥强出许多，而且能忍受骤冷骤热，所以做成火炉最为合适。

上等的潮州红泥炉一定是出自手工，只有人才能赋予火炉独特的生命迹象——造型上的奇思妙想；细节必然经过雕琢，上面可能刻着"泥炉炽榄炭，薄锅沸清泉"；更关注人的使用感受，比如潮州一些工匠会把火炉改造成烧炭和酒精通用，更符合现代人的需求。手工可以保证每一件作品的独一无二，不是机械制模、流水线上生产的千篇一律可比。

即便买不到手工红泥炉，哪怕只是流水线上的产品，也足以为生活增添一丝乐趣。选一个假日，没有工作烦扰，没有恶缘相交，只是一群彼此喜欢的人，坐在有炉子的屋子里，煮水喝茶，谈笑风生，日子回到了从前慢悠悠的样子：炉子上坐着一壶水，壶盖冒着白气，妈妈在一旁煮饭，爸爸在往火里添炭，家中永远有茶饭的香味，耳边总是响着妈妈的唠叨和爸爸的叮嘱，门外是小伙伴的呼唤，心里是那个青梅旧人……

竹炉煮水，与传说相会

初见

宋人杜耒有诗《寒夜》："寒夜客来茶当酒，竹炉汤沸火初红。寻常一样窗前月，才有梅花便不同。"诗文中的竹炉，恐怕是爱茶人一辈子难以得到的一个传说。

很难去考究，竹炉到底诞生在何朝何代，或许是茶艺盛行的唐代，也可能更为久远，但它闻名世界却是从明朝开始。

无锡惠山的泉水有"天下第二泉"之称，从来不乏仰慕者前来取水烹茶。就在泉水旁有一座惠山寺，建于晋朝，从建成以来香火不断。明初时期，住持性海在寺庙周围种植了上万棵松树，又在松树林中建造了名为"听松

庵"的禅房，与惠山泉一起成为当地最别致的景观，慕名而来者踏破庙门，明代无锡画家王绂就是其中一位。

倾
心

其实，王绂到惠山寺，一半是为了调养身体，一半是为了躲开党争之祸。这一天，他正在和住持性海在听松庵喝茶，来了一位湖州的竹匠拜见性海，说要用湘竹制作一个茶炉送给爱茶的性海。不久之后，竹炉制成，从前只是存在于诗句中，如今活生生摆在眼前，王绂表现出比性海更大的兴趣。

他仔细端详，发现竹炉内胆是由石头打造，外围却是用密集的竹子编织而成，上圆下方，高不满一尺。内胆与竹子之间，结结实实填满了土灰，而内胆之中又做了铁栅，隔开上下，以控制火力。

竹炉制作得精巧，令王绂情难自禁，当即绘下竹炉之貌并赋诗一首送给性海。从此也开创了《竹炉煮茶图》之风，引后人争相效仿，也形成了独一无二的惠山"烹泉煮茗"的茶文化。

效仿

在效仿的人群中，最有名的一定是乾隆皇帝。

那年是他登基的第十六个年头，同时也是他人生中的第一次南巡。

1751年的农历二月，乾隆来到惠山。他对此处向往已久，不只是因为泉水的清冽，还有王绂开启的《竹炉煮茶图》，当然，最重要的还是性海那只竹炉。

早在一年以前，乾隆派人记录南巡路线中的名胜古迹和文物，当他听到惠山竹炉之后，心潮澎湃，一直想一窥究竟。于是，此次南巡刚到惠山，他便急着来到惠山寺，命人用竹炉和惠山泉水煮茶。

口中是心驰神往的清冽茶香，眼前是明朝文人墨客争相绘制的竹炉画卷和诗文，仿佛来到四百年前的明朝，亲眼看着性海身着一身素色袈裟，用小扇煽动竹炉火苗，为周围那些不拘小节的文人冲泡一壶清茶，耳中似乎还响着他们的狂妄言辞。乾隆心绪大动，似乎也置身其中，忍不住提笔写道"高僧竹炉增韵事，隐使裴公惭后尘"。

珍藏

乾隆离开时与竹炉难分难舍，于是带到苏州命人原样仿造了两只，再把原炉送回惠山寺。今天收藏在紫禁城的那只竹炉，就是乾隆当年仿造的其中一只，而另一只据说藏在了惠山寺。

除了竹炉，乾隆还仿造了惠山的竹炉禅房，分别建在他常居住的圆明园、香山静宜园、清漪园、西苑、承德避暑山庄、天津盘山等地，大大小小共有13处。每到一处，几乎都会留下几首赞美竹炉的诗文。据统计，在乾隆传世之作中，跟无锡竹炉有关的多达27首。其中，一些以碑文的形式留在了惠山寺，成为《竹炉煮茶图》的一部分。

竹炉、清泉、香茗，即便只是存在于浩瀚的历史星河之中，也足以使人领略那穿梭几百年的清雅气质。或许有一天，也有那么一位知心人，亲手造了一只火炉，哪怕不是竹炉，也足以宽慰一段人生旅途。

肆

茶、水之恋

知多，知少，知足

是要问一个明白，
还是要装作糊涂？
知多，知少，难知足。

茶水好喝的原则：适合的水温、恰当的茶水比例

态度

茶与水之间的细节关系，除了水温、火候之外，还有比例在约束。仔细想来，生活中的大多琐碎，都存在比例关系——煮饭烧菜，油盐酱醋要放多少，是跟菜的品种和数量成比例；煲一锅靓汤，水与材料之间有一种关乎口感和营养的比例关系；人与人之间的亲疏远近，则是跟付出多少构成了比例；成功与收获，跟努力与投入成正比……

茶与水的比例，直接关系到茶的浓淡香味。有人对茶水比例做了研究，分别以1∶7、1∶18、1∶35、1∶70的比例泡茶，发现茶叶被析出的成分分别是干茶的23%、28%、31%、34%。在水温和冲泡时间一定的情况下，水量越大，茶叶有效成分的析出越完整；水量越小，茶叶析出物则越少。

茶
说

　　看上去应该是1∶70最为理想，然而它的口感却像极了只是在水里扔了两片茶叶，淡而香薄，失去了饮茶最美好的体验。而水少之后，茶水浓度虽然提高，却又无法尽情释放茶叶的有效成分。人们最终发现，茶与水的比例跟茶的品种、个人爱好、冲泡方法有直接的关系。所以，想让茶水达到最佳状态，要区别对待才好：

　　绿茶、红茶、花茶的茶水比为1∶50～60；

　　乌龙茶的茶水比为1∶18～20；

　　需要熬煮的边销茶茶水比为1∶80；

　　可以冲泡的边销茶茶水比为1∶50；

　　普洱的茶水比为1∶30～40。

　　当然，饮茶毕竟是件关乎个人感受的事情，有人偏爱浓茶，不管绿茶、乌龙茶统统要茶多水少才够味；有人就喜欢淡啜，水多一些，茶少一些，只要有些许清香就好，那就把这些比例抛开，只遵循内心喜好就好。

玻璃杯泡茶，3克一位

态度

有朋友觉得自己粗犷，不懂得工夫茶中的精细，也觉得那小小一瓷杯茶水不解渴，就只配得上玻璃杯这样的世俗容器。

其实，玻璃杯一点也不世俗，用它来泡绿茶，是一种文化。

挑选个有阳光的天气，最好在靠窗的位置摆上一只玻璃杯，杯内放入西湖龙井，将水缓缓倒入杯中，干茶贪婪地吸水，你争我夺，像一群调皮的少年，随着水流翻卷、沉浮，直到它们个个都喝饱了水，才心满意足地沉落杯底。此刻它们的愉悦与满足统统释放在水中，成就那浅色明亮的茶水。

阳光穿过茶水，有一种破壁而来的力量之美。这个过程叫"茶舞"，也只有在玻璃杯中才能欣赏。

茶
说

除了西湖龙井、洞庭碧螺春、黄山毛峰等高档绿茶适合用玻璃杯之外，细嫩的茉莉毛峰、茉莉银毫、茉莉龙珠等高档花茶也适合用玻璃杯冲泡。但有一点非常重要，就是掌握茶与水的比例。

最好是在玻璃杯中放3克茶叶，水量为150～200毫升。根据对茶浓淡的喜好，可以选择不同的泡法：

一、先倒水，再放茶叶。让茶叶或是形单影只，或是成群结队地落入杯底，这样冲泡的茶水清亮，适合信阳毛尖、碧螺春、祁门毛峰等高档且较重的绿茶和红茶。

二、先放茶叶，再倒水。这种方法适合身轻的龙井，迅猛而来的水流可以帮助它快速沉入水底。这种泡法茶水较浓，适合喜欢喝浓茶的人。

三、先在杯中倒入三分之一的水，然后放茶叶，再继续加水。这种泡法通用于细嫩的绿茶，比如西湖龙井、六安瓜片等，主要是为了让水温快速下降，不至于烫伤茶叶，最后再加水则是为了防止水温太低。

　　这样看来，适用于玻璃杯的茶必然是有清新外表，能在水中绽放妩媚身姿的品种，也必然是了无心机、容易冲泡的茶，否则也不敢这样曝露于刻薄的人眼之下。正是跟人一样，越是单纯善良，越是透明美好。

壶泡，茶叶克数与容积

物语

　　高档绿茶和花茶是一种"舞台型"品种，它们在水中舒展的身姿本身就是一场演出，并且需要得到欣赏者的认可和喜爱。但中低档的绿茶和花茶，因为枝叶粗老而没有惹人怜爱的样貌，于是不大喜欢出现在透明的器皿里，更喜欢闷在茶壶里，努力泡出美味的茶水。

　　除此之外，红茶、乌龙茶、紧紧压制的边销茶都更喜欢茶壶。除了样貌的缘故外，更多是因为它们生性内敛低调，密闭的茶壶更能激发出茶水的美味，所以壶泡的茶水比例更是关系到茶水味道的好坏和浓淡。

茶
说

　　如果要精打细算到克数，那么就需要按照之前的茶水比例来进行计算。比如，绿茶与水的比例是1:50，如果是400毫升的茶壶，那么需要投放的茶量是8克。然而，除了电子秤之外，很难掌握好8克的重量，除非是已经算好克数的独立包装。所以，用茶壶的容积来计算茶水比，似乎更容易一些。

　　以常见的紫砂壶为例，需要壶泡的绿茶和红茶投放量为薄薄地铺满壶底，红茶可以稍多一些，毕竟红茶中有云南红茶这样的大叶种茶，它一片茶叶就占了比绿茶大许多的体积，所以总量上要多一些才能冲泡出茶香。对于那些小巧的红碎茶，比如常见的来自国外的红茶，就要在量上减少起码一半，因为它太容易泡出茶香，一旦量多就会变得苦涩。

　　乌龙茶在形状上有球形和条形，前者的投茶量以盖住壶底一多半为

宜，后者的投茶量要占到茶壶容积的六分之一到五分之一。

边销茶多以紧压的形式出现，茶叶密度大，口感浓郁，稍稍多一些就会泡出化不开的苦味，所以最多不能超过茶壶容积的六分之一。

对于没有经过揉捻的白茶来说，干燥后的茶叶本身就比较蓬松，所以一定要超过茶壶容积的五分之一，但最多也不要超过四分之一。在所有茶叶中，白茶要求是最低的，多放一些，少放一些，它都能浸出香味。

态度

其实，很多茶都跟白茶一样，多一些少一些都可以，完全视乎饮茶人的偏好与心情。只要能够治愈糟糕的心情，放大喜悦的情绪，或者平静浮躁的灵魂，7克、8克之间的差别，根本不用介怀。

众口难调，
适口者就叫好喝

态度

／

　　有人严谨，一定要把茶水比例、水温火候都控制得极
其标准，才觉得不枉费冲茶的这段时光。但大多人随性，
浓一些淡一些都是茶韵。

我想，不管严谨还是随性，只要适合自己，让自己感觉舒适就是最好的茶味。就像一些少数民族，同样是黑茶，藏族喜欢在茶里熬煮酥油，蒙古族喜欢在里面添奶……

说到在茶里加外物，几乎西南边陲的少数民族都有这样的习俗。

茶说

维吾尔族，香茶是茶也是汤

南方人吃饭佐汤，南疆维吾尔族则是吃馕佐茶。茶是香茶——把边销茶敲碎放在壶中熬煮，大概5分钟之后再加入姜、桂皮、胡椒等香料，继续熬煮5分钟即成。用细网过滤，把茶渣倒掉，早、午、晚吃馕时啜饮。

回族的八宝茶，三泡三种味道

回族人喝茶，多喝炒青绿茶，里面还要加上冰糖、枸杞、桂圆干、红枣、桃干、柿饼、葡萄干、苹果干、白菊花、芝麻等诸多食材，通常以八种最为常见，所以又叫八宝茶。茶与其他食材在沸水中浸出香味的时间不同，所以每次冲泡的口感都不同，丰富而不失层次。

水沸腾之后冲茶，加盖闷泡五分钟，开盖之后的第一泡是茶的清

香；第二泡时冰糖溶化，茶味中多了几分甘甜，极像童年时炎炎夏季最爱泡的冰糖水；第三泡开始，茶和甜味都由浓转淡，而干果的香气被完全浸出，于是有了馥郁的果香，带着微微的甜味，足以赶走肚子里那厚厚的油腻。

侗族、瑶族，要用筷子喝的茶

少数民族过节、待客，总是流露出饱满的热忱，从饮食到节目，无一不精心准备，好像日子被他们过起来，总是欢声笑语、多姿多彩。侗族、瑶族过节、待客的方式有点特别——熬制油茶。

油茶中的茶，走着极端的两条路：要么是新鲜细嫩的新茶，刚刚从茶树上摘下来，带着崭新的绿色，或许还挂着晶莹的露珠；要么是烘炒过的末茶，研磨成极细的粉，很难辨出茶叶原本的模样。选哪一种茶，全看个人喜好。

把选好的茶放入事先热好的油锅里，不断翻炒，飘出香味时加芝麻、食盐，炒匀之后加水熬煮，沸腾3～5分钟后起锅。如果只是自家人饮用，这油茶就算制好了，但若要待客，还远远不够。

待客的油茶要把花生、玉米花、黄豆、芝麻、糯粑、笋干等佐料先炒好放入茶碗里，等到油茶出锅后倒入茶碗，热腾腾地递到客人面前，配以主人热情的笑容，暖意便从客人的五脏六腑蔓延开来。因为配料太实在，光靠喝是喝不尽的，必须用一双筷子，才能把油茶吃个精光。

擂茶，治好了张飞的病

相传三国时期，张飞带兵攻打武陵壶头山（今湖南常德境内），因为酷暑难消，加上瘟疫侵扰，包括张飞在内的大部分将士病倒。当地村民感激张飞保护百姓，便送给张飞一种茶的配方，以新鲜的生茶叶，加上生姜和生米仁，研磨后煮成茶水，可以消暑祛湿、健脾润肺、清火和胃。张飞命人按方熬茶，果然效果神奇，不久后便精神大振。

这种茶，就是生活在武陵山区一带土家人的传统茶饮——擂茶。最古老的擂茶只有三种原料，生茶叶、生姜、生米仁，于是又有个特别美的名字——三生汤。不过现代的土家擂茶配料丰富了许多，有炒熟的花生、芝麻、玉米花、食盐、胡椒粉等。将它们统统丢进陶制器中耐心研磨，待到它们合为一体再倒入茶碗里，用沸水冲泡。

不管是干完活回家，要驱除疲劳，还是闲暇时增添情趣，擂茶都是土家人的不二之选。饮茶时再加一些茶点——炸鱼片、薯片、米花糖，或咸或甜，都是生活的美好。

所以，喝茶哪来的刻板教条，最适合自己的，就是最好的。

伍

茶、水合卷

且相融，且分离，距离产生美

恋爱法则——

相处短暂，寡淡而少味，

相处太久，难免苦涩。

虽然回味中也有甘甜，

终不如短暂分离后的思念情长。

茶与水一样，距离产生美

茶说

　　茶与水是一对可爱的恋人，初初相处时总是难分难舍，可以把每分每秒过得有趣，茶水因此清香。然而，再甜蜜的爱恋也敌不过时间，终究会归于平淡，对彼此厌倦，甚至时而爆发争吵，茶水变得苦涩。于是茶与水之间，想保持鲜美的口感，就必须保持距离——在适当的时候分开，进行"茶水分离"。

　　其实你早已发现了这点：泡了杯热茶在案头，却因忙碌而忘记饮用，十几分钟乃至几十分钟后再喝，不仅温度降低，就连茶独有的清香也变得发涩。大部分茶都是这样的，长时间浸泡会使茶中的芳香物质和茶多酚氧化，维生素也荡然无存，有害物质却有了可乘之机。数小时之后，

茶水里的碳水化合物和蛋白质成了细菌们的珍馐美味，茶叶开始腐败变质。因此，茶水分离尤为重要。

让它们分开，在传统的茶文化里有专门的工具，陆羽称其为漉水囊。他说最常见的漉水囊是用生铜做骨架，过滤茶叶用的网袋是用青篾丝编织而成，也有用碧绿色的绢缝制而成的，细细的茶水透过滤网流到茶杯里，如同经过了山石洗礼的溪流汇入江河，伴着淙淙之声。

物语

现在人们更喜欢直白地称呼漉水囊为茶漏，有各种款式，比如有用陶瓷做骨架、金属丝做网的，也有从骨架到滤网都是金属制成的。

将茶水从茶壶中分离，是件有争议的事情。部分人认为，茶水不能倒尽，须得留下一个汤底，如同老汤的汤头，不断浇注新水，总能留住第一泡的原汁原味，似乎能延长这壶茶的寿命。但有人却认为，茶味最妙的地方就在于每一泡都有不同的层次，况且由浓转淡如人的生老病死一样不可避免，又何必挣扎着将它的鲜味多留几分。

态度

品茶和论道一样，无法泾渭分明地指出孰对孰错，各有所长，各有优劣，终归是在享受饮茶这件事。

你现在或许担忧，在繁忙的办公室，在颠簸的旅途中，哪里找到合适的时间和地点去用茶漏过滤一杯香茗。其实很多方式都可以做到茶水分离，比如同心杯、三件杯、飘逸杯，要么直接把滤网安在杯口，茶泡好了直接饮用，茶叶都被困在杯中；或者有桶状滤网从杯口直通杯底，将茶叶放在滤网里，泡好后将滤网取出，茶水都留在杯中。

不过有件事很重要，不同的茶，与水相亲相爱的时间不同，就似有人长情，就一定有人花心，要算着时间保持距离才好。

绿茶
冲泡时间

物语

不同的水温，绿茶冲泡的时间不同，大概可能只差那么几秒，但口感却发生了微妙的变化，如若不是对它的味道非常熟悉，怕是很难品尝出来。

对于大部分茶叶来说，在水里浸泡3分钟后，咖啡碱、维生素、氨基酸的析出量会达到峰值，这时茶水鲜美香醇。此后随着时间的推移，茶多酚越来越多，口感就变得刺激。所以，想尝到茶的鲜香，以3分钟为最佳。

但绿茶的类型不同、水温不同，需要的时间也不同：

高档绿茶在90℃时，冲泡3分钟口感最佳；

烘炒的卷曲或扁条形的绿茶在85℃时，冲泡2.8分钟口感最佳；

条形或朵形的全烘型绿茶在100℃时，冲泡2.8分钟口感最佳。

茶
说

/

倘若对茶的辨别并不精通，这样计算水温和时间未免复杂。所以便有了简单的计量方法，方便许多绿茶爱好者在有限的条件下品到绿茶的香味：

水温70℃时，建议2分钟；

水温85℃时，建议1分钟；

水温90℃时，建议30秒。

态度

大概就是因为绿茶可以这样简单冲泡，所以比起边销茶、红茶来，它更常出现在人们的日常生活里。而且它对冲泡的器皿要求并不严苛，即便是最高档的绿茶，也能用最便宜的玻璃杯冲泡，而且色不衰、味不减；它也能配得起顶级的紫砂，口感更清醇，香味更悠远。

绿茶没有身段却品自高，做人也应该如此。

白茶和黄茶的冲泡时间

物语

　　对于白茶和黄茶而言，它们对人间很熟悉，人们对它们却一知半解，大概就算是遇到了，甚至已经躺在了茶壶里，人们也会指着它们说："这是什么茶，怎么是这样一种颜色？"这种孤独，是绿茶、红茶所不能想象的。

　　白茶因满身白毫而得名，离开茶树后不杀青，不揉

捻，只是晒过或用文火干燥后就能冲泡，最常见的种类有白毫银针、白牡丹、泉城红、泉城绿、贡眉、寿眉。

茶说

因为尽可能保留了茶的本色，所以茶水清澈，口感淡而甘甜。也正因没有经过锤炼，所以非常娇嫩，冲泡时间不宜过长，第一泡在30~45秒就可以饮用，此后每一泡递减。

尽管不能冲泡过久，白茶却非常耐泡，可以冲泡多次，甚至可以从早喝到晚，茶香经久不减，非常可贵。

黄茶通体泛黄，茶水也呈金黄，制作工艺跟绿茶相差无几，只是在干燥前后多了"闷黄"的工艺，让茶叶内的部分多酚、叶绿素等物质氧化。黄茶分为黄芽茶、黄小茶和黄大茶，是按照芽叶老嫩、叶片大小分类的。著名的沩山毛尖、平阳黄汤等属于黄小茶；安徽霍山、广东、湖北英山的大叶青是黄大茶；蒙顶黄芽、霍山黄芽、君山银针则是黄芽茶。

黄茶最佳的冲泡时间，第一泡是1分钟，此后每一泡递增15秒，跟白茶恰好相反。上好的黄茶可以冲泡十几次，即便到了你泡烦了、不想喝了的时候，它的颜色和口味都不会有太大的改变。

态度

时间在白茶和黄茶的身上不会留下太明显的痕迹，似乎是茶叶界的"冻龄神话"，这大概也是它最珍贵的地方——几克茶叶，可以喝上一整天。这样看来，它们虽然不被熟知，却是最能长久伴人的茶品。

红茶，从一冲即出起

物语

　　茶叶中也有急性子，喜欢雷厉风行、快进快出，红茶和乌龙就是如此。

　　红茶中含有非常丰富的营养元素，比如胡萝卜素、维生素A、钙、磷、镁、钾、咖啡碱、异亮氨酸、亮氨酸、赖氨酸、谷氨酸、丙氨酸、天门冬氨酸等，在发酵的过程中又产生了茶黄素、茶红素，这些元素容易析出，也容易氧化和流失，所以喜欢与水进行快速相处，也希望人们快点喝掉茶水。

　　于是，红茶与沸水相交的时间，第一泡在3秒左右，快速将茶水分离，味道已经浸出。第二泡、第三泡可以增加

几秒，但都必须控制在10秒之内。此后每一泡，时间都可以延长3～5秒，可以冲10泡左右。

茶
说

水跟红茶接触时间越久，越是相爱相杀——茶水变得厚实，唇齿之间弥漫着一种涩味，舌头两侧发苦，顺着喉咙流下去，有一种中草药的后味。那明亮的红色变得沉闷，好像失去了年华的妇人，竟令人生出了"美人迟暮"的惋惜。

乌龙茶也同样如此，时间不宜过久，特别是第一泡的时间要短一

些，在45秒左右，第二泡在60秒左右，此后每一泡延长10秒。有人也喜欢让第一泡的时间稍长一些，60秒左右，倒入茶海等待；第二泡短一些，30秒左右，也倒入茶海，跟第一泡混合饮用。用这种方法冲泡的乌龙茶口感均匀，不会有明显的浓淡之别。

态度

这样快速出汤的茶叶，怕是跟现代人的忙碌最相合。不用等太久，几秒、几十秒就可以与最美的茶水相遇。或快或慢都是茶，或急或徐都是生活。

可以小火慢炖的茶

态度

第一次去藏族同胞家中喝茶，他正在锅里熬煮黑茶，看到我们进门后，连忙擦干手上水渍，起身用汉人的礼节与我们握手。

茶一直在小火上咕噜作响，满屋子都是一种特别的茶香，不似绿茶清幽，不似红茶火热，有一种粗放的感觉。他憨厚地笑着说："我们都这么煮茶，加点酥油，不像你们喝工夫茶，那么精致。"

随行的同伴回道："柴米油盐酱醋茶，都是生活里的小事，怎么方便怎么来。"

其实在唐朝以前，喝茶基本靠熬煮，没有冲泡的习惯。因此说到传统与讲究，还是熬煮最佳。只是科技进

步，人们对茶中有效物质析出的时间有了研究，才发现什么茶配什么时间，才能把茶的色香味和营养价值都发挥到极致。

茶说

黑茶后发酵，陈而粗老，压制紧实，非得靠煮才能析出有效成分。因此喝黑茶最好有一把铁壶，在水沸腾时将茶叶投入，熬煮2分钟后关火，加盖闷5分钟左右，把茶水倒在暖瓶里，茶叶扔掉。立刻喝也好，在暖瓶里继续闷2个小时后饮用也好。但最好的是能在睡前熬一瓶黑茶，经过一晚的再次发酵，将营养物质全部析出，第二天饮用，口感滑腻，茶水透红，最是美妙。

如果有足够的时间，就像藏族同胞一样，守在小火旁，看着茶水翻滚，颜色由浅变深，最后成为发红的栗色，大概20分钟，就可以盛出饮用。有趣的是，熬煮沸腾时，可以拿一杯冷水浇进去，好让它既能煮够时间，也不会干涸，就像北方人煮饺子一样。

边疆少数民族偏好在茶里加些酥油，起到帮助消化肉类的作用。于是那一天，我第一次喝到了藏族同胞亲手熬制的酥油茶，香浓在嘴巴里化开，恍惚间如在草原，耳边有牧人呼喝，还有一曲高歌，胸怀忽地广阔起来，竟然忘记了许多烦恼。

陆

玉树惊鸿

茶与水的故事

茶等来了沸腾的水，
义无返顾投入水中，
染得水嫩黄、金黄、红彤彤，
窨得水花香、果香、稻米香，
绽放后香消玉殒。

绿茶起舞，如君子、似佳人

态度

茶师朋友爱花，阳台上被他养得郁郁葱葱，贯穿四季。在这片小小的花圃边，朋友摆了一张矮小的茶桌，周边有四只松软舒适的蒲团，映着残阳余辉，勃发出一种苍劲之力，似是从古而来。

他招呼我们坐下，捧出一只小小的四方茶罐。打开盖子，里面有许多棕色的纸包，每只大小相差无几，看起来8克左右的样子。他取出一包，倒在透明的玻璃壶里，只见干茶颀长，通体墨绿。

"松峰茶，前几天朋友带来的。"他说。

往事

松峰茶，应是绿茶之中最早被记载的茶叶。元末，农民起义大规模爆发，朱元璋率兵在新疆、内蒙边界起事，由于军中皆是汉人，又多数来自湿润的南方，对干燥、以牛羊肉为主食的边疆生活极不适应，每餐饭后都会有人感到腹痛。恰好军队中有来自湖北的茶农，他们用湖北蒲圻产的绿茶熬煎成水给病患服用，不久后便都相继痊愈。

明朝开朝之后，朱元璋登基为皇，对当年茶水治病之事念念不忘，于是带人特地前往蒲圻寻找当年的茶农。当路过一片茶田之时，见到一人正在采摘茶叶，朱元璋急忙上前询问，才知那人正是当年的一位茶农。他激动之余，也不忘了问当年可以治病的是什么茶。那人指着身边的茶树说道："正是这种茶，只是没有名字，不如就请皇上赐它一个名字。"

朱元璋见那茶叶青翠，形似松峰，于是赐名为"松峰茶"，它所生长的高山也取名为"松峰山"。此后，朱元璋只喝松峰茶，并颁旨："罢造龙团（源于宋朝的一种贡茶），唯采茶芽以进。"

于是，以茶芽为主要原料的绿茶广而行之，逐渐为天下人熟知。朱元璋也随之成为中国历史上第一个将绿茶推广到民间的人。

茶说

正是因为这段历史，后人将松峰茶当成了绿茶始祖，对它百般呵护，就连贮藏方法都与其他茶叶不同：要用烧热的石膏做底，上面垫两层皮纸，将事先用皮纸装成小包的松峰茶，小心翼翼地放在上面，封上盖子，隔一阵子换一次石膏，才能保证松峰茶不变质。

我豁然明白，那种苍劲之力是穿越狼烟，带着拯救万民于苛政之中的伟业，身披皇家之气，于千百年前，风尘仆仆，策马扬鞭而来。

带着这种情怀看松峰茶，那绿茶特有的细嫩被雄伟替代，冲泡这样的绿茶，品的不只是茶韵，还有古今。

茶舞

第一泡的热水大概85℃，氤氲缭绕，蒸汽腾腾，将它缓缓注入茶壶中一些，湿润了干茶，乾隆皇帝喜欢把这一步叫做"润莲心"，因为细嫩绿茶酷似莲心。

干茶吸了些许水分，显得有些迫不及待，慢慢肿胀的身体希望更多水来滋养。满足它，将水汩汩注入，干茶立即活了过来，上下腾跃，恣意舞动。水停之后，待绿茶在水中停留3分钟左右。这期间可以贪婪地望着绿茶从水面慢慢坠入水底，原先颀长的身躯缓缓舒展，变成了翠绿的叶子，应是朱元璋当年见到它的模样。这个过程名为"碧玉沉清江"，专为绿茶而设。

眼见茶叶逐个下沉，大多倔强地立在水里，那般骄傲，那般昂扬，竟想就让它们这样一直站在那里，直到疲累为止。可那样一来，就失去了最好的口感。于是不忍心地将水倒在我们面前的玻璃杯里，细细品咂，阳光的味道充斥齿颊，舍不得张开嘴巴，怕它们冲撞出来，越走越远。

三泡之后，绿茶的极致已被消耗殆尽，只能扔掉茶叶。我将一颗湿漉漉的松峰放在手心，还有些许温热，心里不禁挂念数百年以前的那场硝烟，就是这样一颗小小的绿色拯救了那么多生命，手竟然开始变沉，觉得它有千斤之重。

物语

其实，绿茶的的确确有一些功效，可以消食化痰、解毒醒酒、生津止渴、解除油腻、降火明目。除此之外，它含有的茶多酚可以对抗人体自由基，帮助阻断脂质过氧化反应，起到一定延缓衰老的作用。同时，茶多酚中的儿茶素及其氧化后产生的茶黄素等，可以改善血管内因脂肪积累而造成的动脉粥样硬化斑块，帮助降低可以增强血凝黏度的纤维蛋白，从而改善动脉粥样硬化的情况，预防、缓解心血管疾病。

绿茶有许多优点，但也有不少缺点，注定了不是所有人都能饮用。比如，绿茶中的鞣酸会妨碍人体对铁的吸收，所以缺铁性贫血的人不能饮用；茶中的咖啡碱可以增强大脑皮层的兴奋，引起心跳加快，影响睡眠，所以高血压、心律不齐、睡眠质量差的人不适合饮用。与此同时，咖啡碱还会刺激肾脏，促使尿液排出，对于肾功能不全的人来说，最好也不要饮用。

绿茶清新淡雅，正如一位翩翩佳人，等候与你结缘。它不需要你有黄金屋，不需要你有车马簇簇，只要有赤诚之心，便愿倾身相许。

红茶暖人，暖男暖女暖人心

往事

在上古的某一天，刚刚结束了漫长的饥荒岁月，神农氏穿梭在山林田野之间，寻找各种可以食用、入药的植物。他不知走了多久，疲惫不堪，于是找了一处有树荫的地方坐下来休息。他掏出水袋，里面是早上出门时装的甘泉，清甜解渴，还有提神醒脑的作用。

就在这一刻，几片叶子掉进水袋，竟然在刹那间染红了泉水。他好奇地喝了一口，有一种特别的香气混在口中。于是他多采摘了一些，不厌其烦地品尝，终于发现这种叶子竟然可以跟水发生奇妙的反应，造出特别的芬芳。

据说，这就是可以做成红茶的茶叶。

传说虚无，不可作为考证，却让红茶的身世充满了浪漫、神秘的色彩。但我始终觉得，红茶的气质并不浪漫，如果将它比作一位伴侣，那必然是个朴实温暖的人。

物语

中医说，由于红茶是全发酵茶，因此味甘性温，有消解疲乏、让人振作精神的功效；满满的正能量，最适合温暖那些寒冷、劳苦的人。于是人们喜欢在冬季饮它，用它的温来补自己损耗的阳气。对阴寒的女人，尤其适用。所以说，红茶是暖男。

而它的暖，不仅仅体现在温度上，更重要的是体现在呵护女性健康上，比如它的多酚类物质可以有效抑制破坏骨细胞物质的活力，帮助降低女性常见的骨质疏松的概率。而且它懂得女人爱美，所以竭尽所能消除体内脂肪，让女性保持一个健美的体形。

于是每年气温下降后，我邀朋友来饮茶时，多以红茶为主，最常泡的是正山小种。冲泡正山小种，可以用壶，也可以用盖碗。我更钟情于盖碗，因为摇晃它时可以听到茶叶与碗壁摩擦的声音。

茶说

用盖碗冲泡红茶，须得把冷冷的茶碗用热水烫一下，有了温度后投入3克红茶。别急着注水，先让它在温暖的碗中醒一下——拿起茶碗，轻摇手腕，干茶与碗壁的摩擦声窸窸窣窣，如同在小声耳语，诉着一段儿女情长。几十秒后打开茶碗盖，红茶已然沁出香味，"芳气满闲轩"。

| 一点茶识

之后再注入90℃的沸水，倒至八成满，随之立即将水倒尽，这是洗茶。再倒入水后，就是真正意义上的第一泡。让水在茶碗里逗留3秒，随即倒入茶杯里。汤色金黄中透着嫣红，淡淡花香，让人不自觉哼起一段汤显祖的《牡丹亭》，"原来姹紫嫣红开遍……良辰美景奈何天，赏心乐事谁家院……"

趁着温热入口，细细品咂，一种直接的甜味瞬间溢出。女人总是偏爱香甜，于是可以在红茶里加奶、加冰糖，总之，让它的甜味更加浓烈，比男人的甜言蜜语更加醉人。

态
度

事实上，红茶不是专为女人而生的。它在诞生之初没有性别，只有一段无奈的历史。

在一段战乱岁月，有军队在一个茶场安营扎寨。那时正是采茶的季节，茶场铺满了茶菁，细嫩柔软，躺在上面非常舒适，便被士兵们当了床。第二天，他们拔营离开，茶农到茶场收茶，发现满地的茶竟然被压得发黑，是发酵了的模样。无奈之下，茶农只能架起铁锅，将茶在里面烘炒，赶走水分。谁知这样制出的茶，香气浓厚，茶水鲜艳，备受追捧。红茶由此而生。

所以，红茶可以暖女人，也可以暖男人。男人应酬多，时常饮酒过度、油腻缠身，久而久之脾胃虚弱、高血脂、高血糖也纷至沓来，时刻威胁着心脑血管的健康。红茶在加工时，茶多酚转化成茶黄素等物质，可以帮助降低血糖、血脂，促进肠胃消化，增强心肌功能，还改善了心脏、血管的血流速度，对心梗的防治有很大的帮助。

这样看来，红茶可以温暖、照顾所有人，低调而体贴，于女人来说是温润暖男，于男人来说是温柔贤妻。它暖胃，暖身，更暖人心。

黑茶情怀，
低调安适，闷骚之最

茶
说

　　黑茶和边疆少数民族有同一种个性——豪放洒脱、不拘小节，还有一点难以驯服的野性。所以，能与黑茶相配的茶具，也是不修边幅的爽利外形，像少数民族最常用的大锅、铁壶，只有这样才受得住大火烹制。

　　然而，黑茶也有细致的一面，可以用来细细冲泡。

　　冲泡黑茶，最常见、最便捷的是如意杯，当然也可以用厚壁的紫砂壶，更配得起它沧桑的质感。

　　在如意杯中放入15克黑茶，按照1∶50的茶水比，注入750毫升100℃的沸水，10秒后将水倒掉，再重新加水，不需要太久，闷30秒左右就可以按动杯口的按钮，轻松将茶

水分离，倒在小杯中饮用。

黑茶水色深沉，如果第一次见它，怕是要误以为是中草药的汤汁。

往事

在黑茶中，云南普洱茶和安化黑茶最为著名。

这里要详细说的是安化黑茶，它口感带着苦味，但那很容易跟甘甜混成一种独特的清雅之气，落在舌尖上滑嫩细腻，就像一个外表粗枝大叶、内心却极度细腻的硬汉。

安化黑茶之名，虽然在明朝才有记载，但在更久远的历史里已经名

闻天下，特别是在宋朝时，它被军队用来倒换战马，成为军事史上一笔古怪的痕迹。

北宋战乱，战马稀缺。皇帝命人到西北地区买烈马入伍，可西北少数民族不要银两，只要茶叶。于是朝廷只能先派军队到安化，用银两收茶，再用茶去换马。这支军队因茶马交易而生，便被赋予"茶商军"的称号。

汤显祖有一首诗叫《茶马》，描写的正是这段历史，其中有一句是："黑茶一何美，羌马一何殊。"虽然嘲讽之意浓重，却也看出了黑茶在茶马交易中的重要地位。

朝廷有茶商军，民间也有茶商军。南宋时禁止茶叶专卖，却不减轻茶税，茶商不仅无利而且不断蚀本，于是组成同盟，配备武装，走私茶叶，成为民间的茶商军。

最庞大的一支，有三四千人马，他们通过水路、陆路对外运输茶叶，借此逃避了大量的茶税。朝廷自然不能坐视不理，也派出军队镇压民间茶商军。

至今在安化资水边还有当时茶马战争的遗迹，彰显着黑茶曾在血里挣扎，喝起来一点都不轻松。

但历史也有温柔的一面，黑茶因为茶马交易而在边疆与内陆、少数民族与汉族之间流通，逐渐走出了大山，被更多平原地区的人熟知。饮用黑茶的方式也随之变化，除了熬煮，也能像其他温婉的茶一样冲泡。

态度

如果有机会，去安化的寻常茶农家走一遭。他们的身形因常年劳作而结实，皮肤在太阳照射下变得黝黑，仿佛一眼千年，看到了当年茶商军的模样。

然而，他们冲起茶来却是小心翼翼，温情似水。不禁令人想到金庸笔下的萧峰，"顾盼之际，极有威势"，却唯独对阿朱温柔，能在阿朱身受重伤时为她讲故事，背着她走过那残酷、荒凉的人情世故。正是一种铁骨柔情。

黑茶非常耐泡，可冲十几泡而味不减。所以，要泡黑茶来消磨一天的时光，是非常合适的。最好是一个悠闲的冬日，黑茶性温，适合在寒冷的季节品饮。而且冬季身体最容易囤积脂肪，黑茶恰恰有调节脂肪代谢的作用，能帮爱美的女人控制体重。其中富含的茶多糖复合物可以帮助降血脂、降血糖，非常适合"三高"人群和糖尿病患者饮用。

除此之外，黑茶还含有大量的咖啡碱，能刺激胃液的分泌，从而帮助消化，对于喜爱吃荤的人来说，是极佳的胃部保养品。

或许跟绿茶、红茶、白茶等相比，黑茶在冲泡时的品相并不艳丽，更多时候呈现出一种沉闷的黑色，可它与生俱来的宏放、豁达，却是别的茶难以企及的。

乌龙风骨，
余韵绵绵

往
事

乌龙多产于福建、广东、台湾，于是冲泡乌龙的手法也以闽式和潮州工夫茶最为著名。我熟悉的是闽式，小时候常常见长辈们在一起喝茶聊天，壶中多是乌龙相伴。他们喝茶虽然随意，但在冲泡手法上比旁人复杂一些：火炉上的水沸腾之后，高高抬起水壶，猛冲在茶壶之内，如果是透明的茶壶，可以看到茶叶在水中激荡，颇具气势；倒茶入杯的时候，茶壶却要尽量靠近茶杯，似乎怕茶香跑了出去。研究茶之后我才懂得，这是闽式泡法中的"高冲""低斟"。

正宗的闽式乌龙茶，冲泡流程极费工夫，可分为：

　　"备器候用""倾茶入则""鉴赏佳茗""清泉初沸""孟臣淋霖""乌龙入宫""悬壶高冲""推泡抽眉""重洗仙颜""若琛出浴""游山玩水""关公巡城""韩信点兵""三龙护鼎""喜闻幽香""鉴赏汤色""细品佳茗""重赏余韵"。

　　几乎没有一种茶的冲泡复杂程度比得上乌龙，于是最早的工夫茶是特指冲泡乌龙。闽式乌龙最讲究手法流畅、一气呵成，每一步的节奏均匀，轻重缓急都在掌握之中，对于大多数普通人来说，学习和练习都需要投入大量的时间。因而与好友品茗，留下关乎情趣与茶水好坏的几个步骤即可，不必一一呈现。

态度

在这样一个轻松的日子，拿出宜兴紫砂壶，在壶底铺满一层乌龙干茶。其实在干茶入壶之前，最好能倒在一张洁净的白纸上，轻轻抖动几下，分开干茶中的细末、粗枝，先把细末倒入壶中，接着是粗枝，最后是整齐均匀的茶叶，这样斟茶时才不至于有细末堵住壶嘴，降低茶水的流出速度，从而影响口感。

然而，我多数时候没有这样的耐心，只是简单粗暴地拆一小包乌龙，直接倒在茶壶里。我想这就是快节奏生活带来的遗憾，总是不自觉跳过许多自认为是浪费时间的细节，却忘记很多事物的美好之处，恰恰藏在时间的缝隙里。

　　水沸腾之后，不要急着倒入壶里，先缓慢、轻柔地浇在茶杯上，去除茶杯残留的茶味，也温热那冰冷的杯身，以便用高温留住茶水的美味。

　　接着将水缓缓注入茶壶，3秒之后将带出尘土的水倒出。之后要像小时候看到的那样，悬起手臂，以猛烈的水柱浇在干茶上。乌龙最喜欢冲击，只有这样才能完全释放芳香物质。

　　盖上壶盖，闷泡45秒左右便可斟茶。斟茶要低，让茶水徐徐入杯，才不会惊扰了茶香，让它四散奔逃。起初每一杯都只斟半杯，轮流一番后，再斟至八成满，为的是保证每一杯味道均匀，不会厚此薄彼，这便是"关公巡城"。

　　接下来的每一泡，时间都要延长10秒，让茶与水渐渐久处，照顾彼此最好的时光。待到壶中茶水所剩无几，要把最后的几滴浓汤均匀地分给每一盏茶杯（这是"韩信点兵"），下一泡的茶水才不会显得淡薄。

茶
说

　　最好的乌龙茶水，金黄清澈，橙黄次之。味道细细品来，有花香，甘甜爽口，这是工夫茶中的"细品佳茗"。老辣的茶人，端杯品茗时，用食指和拇指夹住杯缘，中指抵扣在杯底，这种姿势名叫"三龙护鼎"，最为稳妥，不会洒出茶水。

　　须得知道，那手是在水与炭火的温度中久经历练的，耐得住茶水透给茶杯的温度。对于新人来说，这温度烫手，难以触碰，可以免去中指劳苦，拿捏好杯缘即可。

其实，泡茶的每一步，不只是要激发茶最好的味道，更重要的是培养心灵的专注。心理学家说，专注与投入可以缓解压力，因为大脑要调动所有感官来为专注服务，很难听到、看到、感受到周围正在发生的、已经发生的令人不愉快的事情。于是，一个人投入作画、写字、读书、听音乐、跑步时格外放松。泡茶也有这样的功效，所以古人才说，冲茶技艺是享受，需要一份真诚之心。

物
语

乌龙虽好，但也不是人人都可以饮用，缺钙、神经衰弱、便秘、溃疡病、泌尿系统结石、贫血、肝肾功能有问题、高血压、心脏病、孕妇等人群不宜喝乌龙，这是因为乌龙中的生物碱类物质、咖啡因、多酚类物质、草酸等会对这些人群造成负担。

但对于健康人来说，这些物质恰好是在帮助身体进行脂肪代谢，从而降低了罹患高血脂、肥胖症、癌症等的概率。

跟乌龙一样，世间万物都有好与坏的一面，只看一面，难免会变得狭隘。这样想来，即便一个患病之躯，不尝乌龙之清香，也可以参与并欣赏冲泡乌龙的雅趣——为两三知己亲手冲泡一杯香茗，他人口中之香，也会留在自己的手上。

白茶可人，日久情长

物语

　　宋徽宗曾在《大观茶论》中写道："白茶自为一种，与常茶不同。其条敷阐，其叶莹薄。……表里昭彻，如玉之在璞，它无与伦也。"如此论来，将白茶称之为茶中贵族也不为过。

　　白茶是一种轻微发酵茶，选用白毫特多的芽叶，以不经揉炒的特异精细方法加工而成。周亮工曾经在《闽小记》中记载："太姥山古有绿雪芽，今呼白毫，色香俱绝。"白茶似乎自古以来就是雨夜围炉、酬谢知己的最佳选择。

　　它的鲜叶要求三白，即嫩芽及两片嫩叶均有白毫显露，成茶满披绒毛，色白如银，故名曰白茶。

　　因茶树的品种、采摘标准的不同，白茶可分为芽茶和

叶茶，最常听闻的"白毫银针"是芽茶之中的佼佼者。它色白如银，形态似针，香气非常清新，淡黄色的茶水也分外清爽。

叶茶的种类则更加丰富——白牡丹、贡眉、寿眉等。其中，白牡丹是叶茶之中的上乘佳品，它形似花朵，冲泡之中绿叶夹着白色的嫩芽，就好像徐徐绽开的牡丹蓓蕾，异常雅致。

茶说

新的白茶，可以用盖碗或者是瓷壶来冲泡。先在茶荷中观赏干茶的颜色和外形。而后倒入少许90~95℃开水，双手捧杯旋转后倒掉，逐次洗净后，才在每杯中投入大概3克茶叶，提起冲水壶沿着杯壁冲入杯中四成水量，用以浸润茶叶。在水的浸润之下，芽叶变得晶亮，更显露出银绿隐翠，温润喜人；汤色转为杏黄色。

等到茶泡好，汲一口茶水品味，只觉得一缕缕青兰馥郁的气息在鼻唇之间升腾，而杯中的茶芽始终挺立，难怪要被世人誉为"正直之心"。

作为福建的特产，白茶的主要产地集中在福鼎、政和、松溪、建阳等地。经中医药理证明，白茶性清凉，具有退热降火之功效，许多人将它视为不可多得的珍品。《红楼梦》中妙玉请贾母喝的"老君眉"，便是白茶一种，可见古人对它也是酷爱珍视。

但这种茶叶却也极易吸收异味，所以储存的时候要格外小心，如果放在冰箱里就要特别注意密封，一旦吸收异味就很难去除。而且白茶还有很强的氧化性，与氧气结合之后，也会影响汤色的美感，降低营养价值。如果得了新茶，可以选择密封后放置在冰箱里，也可以放进暖水瓶中，或者用生石灰将布袋包好放在茶包间，然后放进陶瓷坛里储存。

态度

好茶自有好味道，这个道理永远都适用。辨别白茶的好坏，首先可以从其外形入手，品质好的白茶叶片平伏舒展，叶面之上有隆起的波纹，叶片的边缘重卷。干净的嫩叶不含杂质，茶叶的毫芽肥硕壮实，叶色明亮，叶底肥软。

上品白茶的毫芽颜色都是银白色，有光泽。如果叶面出现草绿色、红色或者黑色，毫芽颜色无光泽，则说明品质一般。而且在冲泡之中，还可以根据茶水的颜色判断其品质好坏：上品白茶冲泡出的茶水呈现出清透的杏黄色、杏绿色；反之则浑浊暗沉，颜色泛红。

由于制作过程简单，以最少的工序进行加工，因此白茶在很大程度上保留了茶叶之中的营养成分。可用白茶下火、清热、消炎、发汗、去湿、舒滞、避暑、治牙疼等。白茶功效有三抗（抗辐射、抗氧化、抗肿瘤）、三降（降血压、降血脂、降血糖）的保健功效，而且还有养心、养肝、养目、养神、养气、养颜的养身功效。

白茶无色，但却有香，品来滋味更加绵长。在清雅的白茶氤氲之中，难免让人生出许多美妙的遐想，如同一位白衣女子对你隔岸浅笑，美丽而不外显，气质清芬，只在举手投足之间若有似无地飘散而来。

黄茶倾城，
昔日骄阳斜映

态
度

/

　　"将茶叶捧在手心，对着光线进行检视——若是冬茶，应该是翠绿色；若是春茶则应该是墨绿色，如果是砂绿透着白霜，那是最好不过的了。同时，还应该看看茶叶的边缘是否隐存红边，如果有，则说明这茶叶发酵适度，是好茶。"茶师这样讲解黄茶。

　　黄茶属于轻微发酵茶，芽叶细嫩，香气清幽，滋味醇和。由于茶叶在湿热条件下闷堆发热，使茶多酚自动氧化，叶绿素分解，显现黄色，所以黄茶具有"黄叶黄汤"的特点。

茶
说

冲泡黄茶，最好是选择盖碗，可以稍稍闷一会，醇熟香味才可完全释放，而且白瓷盖碗最能衬出茶水的金黄。

但切忌用沸水冲泡，黄茶细嫩，用晾至80℃的水最佳。将水注入盖碗之中，看芽尖向水面悬空竖立，随后缓缓下沉，竖立时如群笋破土，吸水后下沉时又似落英缤纷。仔细看去，芽尖之上停留的气泡，恰似雀舌含珠，蔚为奇观。

黄茶的第一泡时间以加盖闷1分钟为宜，之后将茶水倒入公道杯，最后注入茶盅进行品饮。第二泡冲泡的方法与第一泡相同，只是冲泡时间上要比第一泡增加15秒，以此类推，每冲泡一次时间都要相应增加。

根据鲜叶的老嫩和大小不同，黄茶有黄芽茶、黄小茶和黄大茶之分。其中，黄芽茶是采摘自非常细嫩的单芽，或是一芽一叶加工而成，而黄小茶则是用细嫩的芽叶加工而成，黄大茶的原料是一芽二叶、三叶，或者是四叶、五叶。

物
语

黄茶虽然比不上绿茶那样广为人知，但一提起君山银针，也大有如雷贯耳之势。君山银针就是黄茶，叶片芽头茁壮，大小均匀，内呈橙黄色，外裹一层白毫，属于黄芽茶。

君山银针产自湖南岳阳洞庭湖中的君山，采制要求极为严格，要求采摘时间只能是清明节前后7～10天内，以春茶首轮嫩芽制成，而且在雨天、风霜天、虫伤、细瘦、弯曲、空心、茶芽开口、茶芽发紫、不合尺寸等九种情况下，不可采摘。

除了君山银针，黄芽茶中还有蒙顶黄芽、霍山黄芽等珍贵品种。而同样在清明节前后采摘的北港毛尖则是黄小芽的代表，霍山黄大茶、广东大叶青等却是黄大芽中的佼佼者。

黄茶需闷，属于"沤①茶"。作为一种沤茶，黄茶在冲泡的过程中会产生大量的消化酶，对脾胃有好处，可以缓解消化不良、食欲不振等问题。同时，纳米黄茶还可以穿入脂肪细胞，在消化酶的作用下恢复代谢功能，将脂肪化除，达到减肥效果。

同时，它富含茶多酚等营养物质，而且鲜叶中的天然物质保留程度很高，在杀菌消炎、防癌抗癌等方面有一定的效果。

黄茶如君子，其高贵品格在品饮之间自可感受，而它经过时间淬炼的美好，更需要一个懂得的人才能真正领悟。

---

① 沤：长时间地浸泡。

花茶清透，只留一袭浓香

物语

作为我国独有的一个茶叶品类，花茶属于再加工茶的一种，又称熏花茶、香片、香花茶，主要产自福建的福州、宁德、沙县，江苏的苏州、南京、扬州，浙江的金华、杭州，以及四川成都、广西桂林、广东广州、台湾台北等地。但在华北、东北等许多地区都有极多的拥趸。

传统的花茶是用绿茶、红茶、乌龙茶茶坯以及符合食用要求、能够吐香的鲜花为原料，采用独特工艺而制成的茶叶，有"嫩茶窨花香，芬芳人人夸"之美誉。其中尤以绿茶混制居多，比如常见的毛峰、大方等。

根据熏制花茶的香花不同，花茶又可以分为茉莉花茶、白兰花茶、珠兰花茶、玳玳花茶、柚子花茶、桂花茶、玫瑰花茶、栀子花茶、米兰花茶和树兰花茶等。

茶
说

由于花茶绚美，所以最适宜可以观赏的玻璃壶、玻璃杯。看茶在水中上下飘舞，茶叶慢慢舒展，渗出茶色，染了身边一汪清水，成就了或是清亮，或是璀璨的茶水。

3～5分钟后，打开壶盖，沁人心脾之香徐徐而出，游荡在鼻唇之间。倒出一杯茶水，就着氤氲浅尝，花香缠绕舌间，久久不散。

如果是花朵型花茶，比如玫瑰、菊花，观感将更加强烈。干燥的花茶如同花骨朵，注入沸水之后，花瓣逐渐打开，就像在最好的季节里盛放。

大概是花茶似女性娇媚，所以总被唤作"女人茶"。事实上，它的功效是它更适合女性、更受女性青睐的主要原因。

大部分的花茶都具有养颜、祛斑、滋润肌肤等美容功效，像玫瑰花茶、菊花茶等可以促进人体气血运行，调节内分泌，让人面色红润通透，同时还可以疏肝解郁，有一定的排毒作用。

茉莉花茶则可以清肝明目、生津止渴、祛风解表，同时还是抗衰老的优选。茉莉花茶还有很好的消炎解毒作用，而且通过松弛神经，它还可以让人保持稳定的情绪。

茶引花香，花增茶味，品饮间茶与人融为一体，赏心悦目，美不胜收。

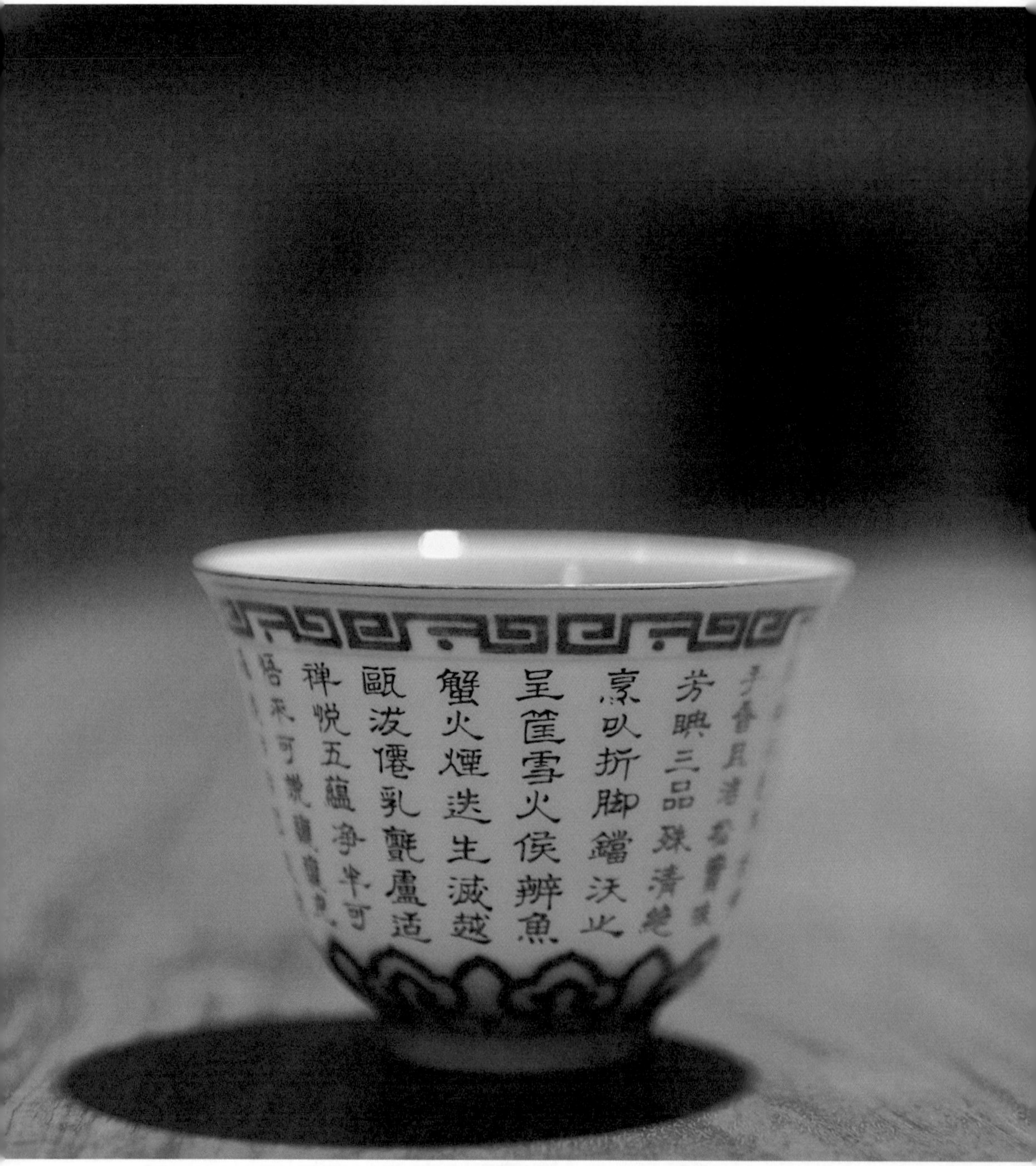

芳映三品殊清絕
烹以折腳鐺沃此
呈筐雪火候辨魚
蟹火煙迭生滅越
甌潑僊乳甆盧適
禪悅五蘊淨半可

茶器

永远的守候

我见证一切——
水的温度，
茶的渴望，
茶水的香甜，
以及茶的睡姿。

建盏为茶而生，粗犷内敛

往事

如果是第一次见建盏，极有可能把它当做盛酒的器具，因它外表黑亮，底小口大，有的建盏口向外撇，像要无限延伸，跟苍穹成为一体，看上去浑厚古朴，跟江湖与烈酒实在相配。了解之后你会惊讶地发现，建盏竟然是为茶而生。

这大概要从宋徽宗说起。这位皇帝在政治上一塌糊涂，在艺术造诣上却称得起无冕之王，不仅创了瘦金体，还极喜欢研究茶道，对点茶法尤为擅长。

宋徽宗著作《大观茶论》里对点茶法进行了详细的阐述与论证，才让这门技艺完整地传承至今。这种技艺的主

要目的是用来鉴别茶的好坏——先从茶饼上取下一块，包在纸中细细碾碎，筛出茶末放入茶盏，用晾过之后的沸水缓缓倒入茶盏，先将茶末调成膏状，再继续用水冲点，一边冲点一边用力搅动茶膏，直到茶面浮出白色的细沫。细沫越是洁白，散去得越晚，茶叶越好。

当时，各产茶地每年都要对朝廷上贡，为了选出优等茶叶便用点茶法来加以区别，久而久之便形成一种游戏竞赛，名为斗茶。斗茶最兴盛的地方是贡茶产地之一的建安，蔡襄在《茶录》里提到："视其面色鲜白，著盏无水痕者为绝佳。建安斗试，以水痕先退者为负，耐久者为胜。"文人雅士，如果只是枯等白沫消失也没什么情趣，于是开始在持久度好的白沫上画出鱼虫花草，写出水墨丹青，类似于现在咖啡的拉花技艺。

沫为白色，用浅色的茶具不便于观赏，恰好建安当地盛产黑瓷，做成茶盏，即为建盏。用建盏斗茶，白茶与黑杯划出白昼与黑夜，相得益彰，相互映衬，文人墨客便投入这昼夜之中，无休无止，忘我忘忧。

物语

当时流行的建盏主要有四种：乌金盏、油滴盏、兔毫盏、鹧鸪斑盏。乌金盏出现最早，几乎霸占了建窑早期的所有烧制时间。釉色乌黑带青，有的则呈现黑褐色或酱黑色，厚实匀称，在阳光下明亮如镜。渐渐地，纯色已经无法满足斗茶的审美需求，便出现了后面三种釉盏。

油滴盏顾名思义，黑色的釉面上有金属光泽的圆点，如不小心滴了几滴油在上面。一流的油滴盏，油滴随着光线变化色彩，如星空坠入盏中，熠熠生辉却不刺眼。

兔毫盏应是建盏中最著名、最受朝廷喜爱的一类，黑色的釉面烧出了细长均匀的花纹，像兔子身上纤细柔软的毫毛。宋徽宗在《大观茶论》中提及："盏色贵青黑，玉毫条达者为上。"说的就是兔毫盏。

我记得跟朋友初次说起兔毫盏，他们惊讶地问我："土豪盏？"我笑着纠正了几遍，他们仍然觉得土豪比兔毫更容易记住。后来细想，兔毫盏是建盏中的贵族，特供皇帝，也跟"土豪盏"差不多了。

跟兔毫盏类似，鹧鸪斑盏因釉面上的斑纹形似鹧鸪胸前的羽毛而得名。它分为两种，一种烧制较为容易，在成形的黑釉上点缀白色斑纹即成，而另一种极难控制，是在烧制过程中形成，要似油滴盏那样细密合拢，却不能连成一片，对烧窑手艺要求颇高，至今能烧出这种花纹的人寥寥无几。

出走

尽管建盏在中国土生土长，浸染了上千年的中国文化，可它的知名度却只限于茶文化爱好者之间，反倒是海那边的日本，对建盏极为珍视，有"国宝"之称。

大概南宋时期，一批来自日本的僧侣到浙江天目山径山寺交流佛法，归国时带走了一些建窑烧制的黑釉茶盏。由于他们只知天目山，不知建盏其名，便为这些茶盏取名"天目盏"，主要用其冲泡抹茶。

至今在东京静嘉堂文库、大阪腾田美术馆和京都大德寺龙光院，还收藏着当年他们带走的四只天目建盏，而且那是世界上仅存的四只宋代曜变天目茶盏，每十年才公开展出一次。

如今斗茶之风已荡然无存，对于用茶末打出膏状的技艺也逐渐生疏，建盏里再难见到胜似白雪的白色茶末。即便如此，爱茶的人依旧在苦苦追寻建盏踪迹，尽管常见的绿茶、红茶、乌龙茶、白茶、黄茶在建盏中衬不出颜色，近乎于漆黑一团，也要抓住历史的痕迹，真正体会一次茶文化的传承。

| 一 点 茶 识

紫砂器配佳茗，越老越美

不知何年何月的古老过去，宜兴一个偏僻的村落里来了一个行脚僧。僧人大喊"卖土"，口口声声说"得土者必富贵"。村民听了笑着说："世间最常见的就是土，脚下就是，何来富贵。这和尚癫狂，快些离开吧！"僧人听后不恼不怒，只是不断重复："贵不欲买，买富如何？"说着便往黄龙山上行去。

有好奇的村民一路追随，看到僧人停在山腰，对着那里的泥土指指点点，并唠叨着："这里有富贵土，取之不尽，用之不竭。"跟来的村民用手去刨开山土，竟然露出一些五彩的泥土，有红色、黄色、绿色、青色、紫色，绚

烂无比，在阳光下闪着彩光。这个消息传到村里，村民们都来挖山采泥，并用这泥土烧制成壶，用来饮茶温酒。因壶色紫红，砂土感极重，于是有了"紫砂壶"的名字。

这是传说，目的是想让人们坚信紫砂的珍贵，至于紫砂最早被谁发现，被用来做什么，已无从考证。唯一可以断定的是，在北宋时，宜兴地区就有了紫砂器皿，只是还没有用来制壶。大概在明朝正德年间，才出现历史资料中可寻的第一把紫砂壶。

往事

做壶的人倒真是一个和尚。他在宜兴郊区的金沙寺修行，喜欢喝茶，闲来时也自己烧制些喝茶的器皿。宜兴盛产紫砂泥，最容易得到，他便取来烧了一把小茶壶。由于这段记载只有寥寥几笔，所以很难知道那把壶长什么模样，叫什么名字。但后来出现一个人，成了人们口耳相传的"紫砂壶第一人"。

　　这个人叫供春，是个小书童，那年他跟随公子在金沙寺借宿备考，无意之中发现了和尚做的紫砂壶，非常喜欢，便也找了些紫砂土做了一把紫砂壶。只是这把紫砂壶外形奇特，仿的是寺庙里银杏树上的树瘤，外表凸凹不平，并刻有深浅不一的树纹，看上去像一张苍老的脸。大概是因为一个小小书童缺乏见识，只能看到什么形态便模仿来做；又或是他当时只想做成一个壶的样子，谁知没有经验，制作得并不成功，却无意间像极了树瘤。无论如何，这把看起来有些"非主流"的壶成了历史资料中可寻的第一把紫砂壶，被命名为"供春壶"。

　　此后，宜兴也随着紫砂壶的成名而广为人知。这片位于太湖西岸的肥沃土地，因丰富的地下水而形成80多个石灰岩溶洞，也是因为地下水的活跃，加之外力的辅助而沉积了大量矿泥在黄龙山腹之中，其中以甲泥矿最为丰富。

物
语

　　甲泥的藏身之所在岩层下数百米，其中以紫泥和绿泥为主，而紫泥仅占总储量的3%～4%，身处甲泥的夹层之中。因此要使用紫泥来做紫砂壶，必须要挖出大量的其他泥土，而这些泥土也是适于做陶瓷的矿土，只是价格更亲民一些。就像要从芸芸众生里找出那个可以携手共老的人，必须从庞大的普通矿土中一点点分离紫泥，珍贵之处，这是其一。

有缘人之所以珍贵，是因为他的气质内涵正是你所求，紫泥也同样如此，它含有的石英、黏土、云母和赤铁矿，恰好满足了一把高档壶所需要的高可塑性、高生坯强度，以及干燥后良好的收缩性。而且经过高温锤炼之后，壶身内壁仍有气孔，代表它可以不断呼吸、吐故纳新，于是泡茶"既不夺香，又无熟汤气"，茶久泡不会变味，壶久置不会有陈旧腐败之气，永远保持跟茶香一致的步调。

态度

最重要的是，一个爱人要能陪伴到老，岁月越长越能体会到他的可爱。紫砂壶一定是最忠实的陪伴，它的外形可以通过双手的不断摩挲变得光滑如玉，阳光下竟透着红光；它的内壁在呼吸之间镌刻下茶水的香味——如果一直用一只壶来泡一种茶，天长日久，壶与茶便合二为一，即便只是注入一些清水，也能尝到茶水的清甜。这些可爱之处，一定要在漫长岁月中才能发觉。

与紫砂壶的相处，就是在用心"培养"一位伴侣。初次与它相见时，它尚带着一丝泥土之气，泡出的茶水也未免沾染。于是要先用茶水滋养，让它慢慢去除土味。也有人豪爽，将它放在茶水中熬煮，直至土气全消。总之，既然打算长相厮守，最好是天天相见，日日用它泡茶，茶渣可以留在壶内过夜，待到第二天清晨，用茶渣仔细润擦壶身，如同人每天要洗脸、洗澡一样。

相处

但要记得，不要只是贪图它外形上的光滑，而着急地用油来擦壶身。《阳羡名陶录》中说道："而保护垢染舒袖摩挲、生怕拭去曰吾以宝其旧色尔，不知西子蒙不洁，堪充下陈。"油垢留在壶身所展现的光亮，只是揠苗助长的假象，只要用清洁剂清洗，光亮便消失，取而代之的是斑驳的垢疤，似是嘲笑你的贪婪与虚荣。

这样看来，如何挑选一把钟情的紫砂壶相伴到老，是非常关键的一步。

挑选，需要眼缘。一眼看去的自然是外形，但细节之处需要仔细观察，比如壶身有没有刮花、凸凹不平等硬伤；壶嘴、壶把、壶盖钮是否在一条直线；用手轻轻晃动壶身，壶盖是否因不严密而晃荡、摩擦。外形没有问题，还要试试水流是否顺畅，壶盖处是否漏水，断水是否干脆。

也许你此生会收获不止一把紫砂壶，但对于每一把壶来说，你是它的唯一，因此不管它价值高低，都不要轻易伤害，不要轻易舍弃。长相守是个考验，是随时随地，是一生一世。

晶莹剔透玻璃心，
心里有你

往事

　　玻璃器皿在中国茶文化里登堂入室之后，总是显得特别青春，于是端起玻璃杯饮茶时也有一种被现代文明轻抚的感觉，相比起陶瓷茶具来更清新。这也难怪，玻璃器皿做茶具，原本就是清代才盛行开来的。

　　其实，玻璃在中国的历史已经有几千年，最早开始于西周，只是那时玻璃的成分跟西方传入中国的玻璃成分不同、制作工艺不同，所以色泽更艳丽，体态更笨重。不过，这并不妨碍中国人将它制成各种器皿，就故宫博物院收藏的4000多件古代玻璃器皿来看，起码从战国时就已经出现了艺术造诣较高的玻璃器皿，但在清代以前，玻璃并没有被大规模投入生产。

清朝皇帝从康熙开始，设置了造办处玻璃厂，专门为皇家制作各种玻璃器皿，单是康熙时期就已经出现了单色玻璃、画珐琅玻璃、套玻璃、刻花玻璃、洒金玻璃等品种。说到玻璃打造茶具，大概也是从这个时期得到推广的。

物
语

相比起陶瓷，玻璃的生产成本小，更适用于普通百姓。而且玻璃的透明特质能将茶的形态完整地呈现，让茶这种静止的传统文化成为动态，变得活泼。特别是一些本就妩媚的花茶，更应透过玻璃来悉心观赏，看花朵从蜷缩的状态慢慢绽放，一朵花开的过程近在眼前；看水从无色无味到颜色逐渐加深，更有清香扑面而来，喝茶从古韵变为优雅。

更重要的在于玻璃没有毛细孔，不会掳掠了茶香，更不会残留上一种茶的味道，所以可以用来泡各种香气的花茶、绿茶。

只是，玻璃清透明亮，像个单纯的姑娘，藏不住一点心事，也藏不了一点脏污。只要一个下午，壶中、杯中的茶尽，人群也散开，茶垢随之牢牢地长在了内壁上。如果处理不净，或者疏于处理，茶垢越积越

厚，它里面含有大量的镉、铅、铁、砷、汞等金属物质，可以随茶进入人体，遇到蛋白质、脂肪等营养物质后会发生化学反应，变成不易溶解的沉淀物，影响健康。

相
处

清洗玻璃茶具中的茶垢，是饮茶最后一道必行的工序。但茶垢滑腻，难以清除，如果用洗洁精等洗涤用品又觉得不健康，所以掌握一些清洗方法变得非常重要。

一、用醋酸泡。把醋酸稀释后倒入玻璃茶具中，只需要半个小时，茶垢就可全部溶解，拿水一冲，就还是那颗晶莹剔透的玻璃心。如果茶垢很厚，局部地方难以溶解，可以在醋里加盐，用软毛刷蘸着刷，或者用软布轻轻擦拭。

二、用橘子汁。在玻璃器皿里注入热水，倒一勺橘子粉或者现成的橘子汁，静置2~3个小时，之后再进行冲洗，茶垢即可被轻松去除。

三、用土豆皮。扔几块土豆皮在茶具里，然后倒入沸水，盖上盖子闷几分钟，之后再清洗，非常省力。

态
度

如果说陶瓷是穿越几千年而来的古朴清韵，那么玻璃就是带着现代烙印的新潮宠儿，更容易走进普通大众的心。也是世道复杂，人心难测，怕只有这玻璃茶具能一窥到底，让人清楚明白地度过这一盏茶的时间。糊涂中有片刻清醒，人生便完满了。

煮茶利器铸铁壶，独一无二

往事

　　前段时间电视剧《琅琊榜》大热，忍辱负重的梅长苏、重情重义的靖王都是看点，但爱茶人一定还会关注每一集里出现的茶具。蒲松龄说："性痴则志凝。"热爱到一种程度是痴，"痴人"之爱总是意志坚定。喜爱铁壶者一定会看到剧中言侯用来烧水饮茶、招待访客的铁壶。

　　铁壶在秦汉时期就已经被使用，那时叫铁釜，大多用来烧水、煮饭，没有被专门用在茶道上。唐宋时期，茶文化兴盛，铁壶便也随之成为茶伴。也是在这个时期，日本将茶文化引进，并大力发展，形成了带有其本国民族特性的茶文化，之后又对中国进行反哺，铁壶就是其中之一。

　　日本第一把铁壶，倒不是从中国直接带回去的，根据

记载，是小泉仁左卫门对铁釜的改良。日本的铁釜没有提梁、壶嘴，就像一口铁锅，水沸腾后用竹勺舀出。大概是在中国清朝乾隆年间，也就是日本的江户时代天明期，小泉缩小了汤釜的体积，并且加上了把手和壶嘴，使其成为茶道上的新宠。

　　但把时间前推一百多年，日本的茶道师就已经开始在高高的铁釜上加上把手和注水口，称之为铁瓶。因为使用方便，又耐高温熬煮，铁瓶逐渐从茶艺领域走入了千家万户，成为百姓最喜欢用的煮水利器。因此严格来说，小泉是在铁瓶的基础上制作了日本第一把铁壶。

前尘

　　而真正让日本铁壶名扬天下的是龙文堂的创始人四方安之助。所谓堂，类似于作坊、公司。四方安之助第一次用脱蜡法铸造铁壶，使日本铁壶在整个欧洲名声大噪。脱蜡法源自中国的青铜器铸造术，先制作模具，再往里浇注生铁水，冷却定型之后必须敲碎模具才能取出铁壶，所以一个模具只能使用一次，这便注定了这把铁壶的独一无二。更何况在当时，龙文堂一年只铸造150把铁壶，每一把都是限量版。至今，龙文堂的老铁壶还被收藏在英国伦敦的大英博物馆和俄罗斯圣彼得堡的冬宫博物馆。

提到龙文堂，就不得不提跟它关系密切的龟文堂。龟文堂的创始人是四方安之助的徒弟波多野正平，他在龙文堂学成脱蜡法之后便自立门户，创办龟文堂。因为对中国青铜时期的文化疯狂热爱，所以他铸造的铁壶上都有中国青铜器时期的图腾，此后便成为他独特的标志。

龟文堂代代相传，后人继承了波多野正平在壶身上刻画图样纹饰的技艺，并大胆地在壶身上描绘山水、花鸟鱼虫、草木舟桥等，基本都是中国元素。这让很多人看到龟文堂的铁壶后心生疑窦，"这难道真的是出自日本铸师之手？"

除了龙文堂和龟文堂之外，日本还有许多铸铁壶的名"堂"，比如金龙堂、金寿堂、光玉堂、祥云堂、晴寿堂、精金堂、湖严堂、松荣堂、云色堂、保寿堂等。自然也有许多良莠不齐的企业，因此在挑选铁壶时要仔细鉴别。

物语

一、看价格。一把入流的铁壶，通常不会低于1500元。低于这个价格，虽然不能笼统地归为残次品，但一定不是用上等的生铁铸造，导致成壶后微量元素极少，甚至没有，更是耐高温性不良，寿命短暂。

二、听声音。铁壶在水沸腾之后会发出松涛般的声响，有的猛烈一些，有的轻柔一些，全看铸造师的喜好。于是，一把好铁壶一定有声音且悦耳。

三、看堂号和落款。很多江户时期的老铁壶没有落款，需要我们有大量的经验与知识进行识别。于是我们可以偷懒，只看有堂号的铁壶。一般来说，现代市场上的铁壶在壶身或盖子背面刻有堂号或制作者的名款画押，可以识别该壶出自何堂、何人、何时、何地。挑选有堂号的，一般不会失手。

四、看提梁。不管是不是名家之作，正宗的铁壶都有一个可以直直竖立，不会倒下去的提梁。如果一把铁壶提梁松松垮垮，左歪右倒，算是末流之辈。

五、造型特殊，值得收藏。一般的铁壶制作比较朴素，但名堂名师会在铁壶中注入自己的意志与想法，勾勒出一些具体的形象，就像龟文堂喜欢在上面刻画山水、动物，也有一些铸造师直接将壶做成了房屋、蔬果的造型。

态度

既然千辛万苦才得到一把铸铁壶，就应该好好养护，就像关爱一位老友：不要在火上空烧它；不要压倒提梁；使用完后把水倒尽，打开壶盖，让余热烘干壶内，直到完全干燥再收起来；不需要经常去清洗内部，也不要随意触摸内部，防止破坏氧化膜等防锈材料；不要急着用冷水为它降温，这样会让它变得脆弱易裂，耐心等它自然冷却最好。

对所有茶具都应如此用心，它们有灵，一定会感受得到，从而一直保持最好的状态为你服务。其实事事如此，你付出，未必有回报，但一定有收获。

古朴典雅汝窑器，
温润可人

态
度

如果爱情可以一见钟情，那么在诸多茶具之中，汝窑
瓷一定是一见钟情的那一类。在男人眼中，汝窑就是一位

从古书中走出的清灵美人，素雅不妖娆，清纯没有城府，肌肤如玉，柔情绰态，静静地令人心生安宁，和它相处一刻，就似一生；在女人眼中，汝窑是温润的翩翩公子，看似文弱却有风骨，总像一股清流，慢慢流入心房，变成血液，成就这世上最美好的默契。大概爱茶的人，没有一个不想拥有。

物
语

　　汝窑来自宋代，是当时的名窑之一，跟"官"、"哥"、"定"、"钧"齐名，它居首位。汝窑以青色为形，以玉质为貌，看上去像是由一块青玉雕琢而成，于是自古以来说它"似玉、非玉、而胜玉"。

　　汝窑位于河南汝州，那里的土壤多杂质，于是烧制成瓷后有一种青灰色，类似香灰，于是被人唤作香灰胎。釉质浑厚，分为天青、粉青、天蓝、月白等多种颜色，烧出之后有一种浑浊的美感，在阳光下可以追随光线而变幻，是一抹不会刺痛双眼的光芒。

　　然而汝窑并不完美，釉色不是有裂纹，就是有麻点，让很多初次接触它的人望而却步，以为这是残次品。实际上并非如此，这种不完美，

正是汝窑的特点。

不完美的身段

匠人们为了让汝窑瓷的玉质更加优秀，不得不在泥胎外做上厚厚的釉，然后把它放在1300℃以上的高温里锤炼。然而，这个温度对于泥胎来说有些难以承受，常常会发生开裂、口沿走形的情况。而且手工打造的泥胎和釉层，很难像机器那样做到分毫不差，总是存在有些地方厚，有些地方密度不同的微小误差。经过高温烧制后，整体便有些变形，但用肉眼是极难看出的。

不完美的色态

不少汝窑釉层上有一些小孔、色点。小孔有它自己的行业术语，叫棕眼、针孔，现在常见于仿汝窑的白色瓷胎上，而且器形越大，棕眼、针孔越多。专家解释说，汝窑釉层厚实，在烧制的过程中表现出较强的粘连性，导致水不易排出而变成结晶，从而成为棕眼、针孔。

根据对汝窑的评定，只要棕眼、针孔数量不多，没有穿透瓷胎，是不需要为此烦恼的。

色点不同，这在一定程度上是可以避免的。由于汝窑的胎土含铁量极高，所以色泽偏红，而且它含有不少有色的金属、矿物质，很难筛选出来。除此之外，釉层在调制时也可能会混入一些杂质，在成器上形成了色点。虽然算是技术上的缺陷，但要做到完全避免几乎是不可能的，在一批汝窑瓷中，一定会有部分是带有色点的。

当然，釉色纯洁干净是最好的，但有色点也不代表是次品。相反，瓷身有一个色点，倒像是眼角的一颗泪痣，楚楚可人，有人就专门喜欢收藏这些有特别色点的汝窑。不过色点面积大，位置不好，颜色过分突兀，便不算是上好的汝窑了。

不完美的形貌

除了色点、针孔，汝窑还时常呈现出一些细小的纹路，像迟暮美人脸庞的皱纹，像沧桑大叔脸上的沟壑，虽然是岁月痕迹，却是另一种风情与魅力。

　　刚刚从高温中跳出的瓷器，遭遇了低气温，釉层开始不同程度地收缩，于是生出那些细密的纹路，有蟹爪纹、火焰纹、蝉翼纹等。这些纹路在与茶水进行天长日久的接触后，有的会变粗，有的会变深，显得那样饱经风霜，反而多了些古色古香。

　　因此，纹路不是判断汝窑优劣的标准，相反，更多人懂得欣赏这些纹路。他们遵照自己的喜好去挑选不同纹路的茶具，然后用茶水慢慢滋养它，让它的纹路或浓或淡，或粗或细，如同对汝窑进行了二次创作，更特立独行，愈发举世无双。

　　当然，如果一些纹路摸起来凸凹不平，用手指轻敲有一种闷闷的声音，就证明那不是汝窑的特色，而是地地道道的一件残次品。

　　还有一点非常重要，不是所有汝窑都有纹路，也有不少没有，所以不能以纹路来断定是不是汝窑，以及汝窑的好坏。

不完美的釉层

　　釉层真是个难以控制的东西，薄了不足以烧制出如玉一般的汝窑，厚了又有釉水融化下垂的风险。如果对汝窑足够了解，便会发现做成的大件瓷器上会出现釉层上薄下厚的情况，或在某处堆积，如同滑落的雨滴，也有在口沿处晕开，这就是釉层在重力影响下出现的各种变化。这时要辨别汝窑好坏，就要依赖欣赏角度与经验常识了。

　　一般来说，出色的釉层堆积反而是帮助汝窑升值，比如像波浪推开一样的堆积，就算是要刻意为之也不容易，所以它的出现是汝窑的一种幸运。但如果是由于釉水中含有杂质，在高温分解后堆积在局部，那就是一件次品，但如果不影响使用，可以列至入门者的收藏名单。

此外，釉层还可能遇到别的问题，比如局部釉层乳浊、有气泡等。但这些用肉眼很难看到，需要借助高倍放大镜才能观察到，因此不影响汝窑的价值。可一旦出现了肉眼可观、令人难以接受的乳浊状的斑块和密集的气泡，这件汝窑瓷器是否入手就要谨慎考虑了。

　　汝窑就是这样一件瑕不掩瑜的美物，倘若真的完美无瑕，便也不是真正的汝窑了。又或者，那完美是不知集多少灵气，遇到怎样的天时地利人和，才能诞生一件。恰好你遇到了，那真是一种极大的幸运。遇不到，也是常态而已。这也正是我喜欢汝窑的地方，它跟人生一样不得圆满，但瑕疵不能影响美，只会成为美的另一种形态。

青花器

往事

　　泥土养育了茶树，人们采下茶树的叶子制成了茶；泥土又被人手团和揉捏成坯，在火中炼成身骨硬朗的茶具；茶叶放入茶具中，冲入水，茶与泥土以这种方式相拥、缠绵……陶瓷与茶最相契合，因为它们都从泥土中生发。老瓷茶杯是茶桌上的极奢器物，尤其是那些釉色润洁如玉、制作于中国陶瓷史上熠熠闪光时代的茶杯。使用这样器物的人，往往嗜茶，也爱古物。唐代玉一样莹润的瓷茶盏、宋代的黑釉建盏都曾在那遥远的年代里独领风骚，但离我们太远了……中国人现代的饮茶方式始于明代散茶大兴之时，明清茶器无疑比兔毫建盏等唐宋茶器更令我们感到亲

切。白瓷、青花瓷、斗彩瓷、粉彩瓷、颜色釉瓷……一个小小的老茶杯握在手中，比任何器物都更能引发人们怀古的幽思，令我们有穿越感——茶水在你心中安睡了几多春秋？曾经有谁把你这样擎在手心？

物语

青花系用钴料在瓷胎上绘制图案，挂上透明釉后烧成，釉下呈现白地蓝花，"青花"已成为中国文化的符号。元代以后，景德镇的青花瓷烧造工艺成熟，在瓷器上用彩绘装饰的手法替代了在瓷器上刻画的装饰手法，青花瓷的生产成为主流，也为景德镇带来了空前的繁荣。青花瓷明净、素雅，有水墨画的美感，从而成为最具民族特色的瓷器。

态度

青花瓷工艺有手绘、贴花和印花三大类，贴花青花图样清晰，规格统一。印花青花线条简洁，画面规整；青花发烧友更爱手绘的青花，画面疏密浓淡相宜，生动活泼，每件都是孤品。

茶托如佛之莲花，不可或缺

态度

记得一个昏黄的傍晚，似是大雨要来，外面偶有雷声，时远时近，有一行字从书里跳出，"我是被掌声遗忘的小角色"，不知为何，那一刻它格外触动我。第二天我收拾茶具，翻出了一只莲花形的茶托，那句话便忽然冲出脑海，好像刻在了茶托的身上，心中竟然生出一些悲悯。

多数人跟我一样，惯于忽视茶托。是的，炉火烧水，茶壶泡汤，茶杯盛茶，各个都那样重要，只有茶托显得可有可无。

可茶托，从来都是跟茶盏在一起的。《周礼·春官·司尊彝》中说："裸用鸡彝鸟彝，皆有舟。"这里的

"舟"是指承托祭祀用的酒器的盘子。清代顾张思在《土风录》里记录："富贵家茶杯用托子，曰茶船。"可见古人饮酒、喝茶，都有"舟"、"船"相托。

物语

茶托的作用，一方面是雅趣，一方面是实用。

喝茶是一段慢下来的时光，茶者一只手端着茶托，一只手捏着茶盏口沿，细看茶水在杯中的颜色；如果是盖碗，则一只手托盘，一只手持盖，慢慢划动茶水，看茶叶在汤中如轻舟摆动，可爱至极，这便是雅趣。

倘若没有茶托，直接用手端起茶杯，未免烫手，茶水也可能洒出来，湿了衣襟。喝一口茶，尝一口新烹制的茶点，细腻润滑的香甜在口中融化，其余的放在茶托里，不会因为一口吃不掉又放回盘中而尴尬。这便是实用。相传，第一个使用茶托的人，是出于实用的考虑。

往事

宋人程大昌在他的《演繁露》一书中记载，"托始于唐，前世无有也。崔宁女饮茶，病盏热熨指，取碟子融蜡象盏足大小而环结其中，置盏于蜡，无所倾侧，因命工髹漆为之。宁喜其为，名之曰托，遂行于世。"崔宁是大唐西川节度使，他的女儿喜欢喝茶，每当喝茶端杯时总会被热茶所烫。聪明的崔小姐便用碟子来托住茶杯，可碟子要么太大，

要么太小，茶杯在上面时有晃动，容易洒出茶水。她思虑许久，想到了把蜡热化放在碟子里，将茶杯放在上面，蜡冷却后可固定茶杯的方法。可这样一来，茶杯和碟子便粘在一起，即便强行取下，也有除不净的蜡渍。于是，她又让匠人在碟子上打造了一个固定的漆环，既能固定茶杯，又能轻松分离。从此之后，茶托便广为流传。

这段往事在唐朝的《资暇集》里也有记载，似乎可以肯定茶托始于唐代的说法，更何况，在西安和平门外还出土了七只唐代平康坊的茶

托。但考古学家发现，茶托在晋就已经出现，在南北朝流行，只是在唐以前，茶托的作用是放置茶点，未必跟茶杯成套；到了唐朝，茶托成为茶杯的托盘，成为一套完整的茶具。

茶托与茶盏配套，无论从材质、釉色还是纹饰上都是照相呼应。它们应是一对双生花，而非主角与配角，因此离开彼此都是孤单的。于是，我把找出来的茶托好好清洗，让它重新与茶盏合二为一。如果茶盏有情感，恐怕会有一种"终于等到你"的欣喜。

茶席必备建水，非你莫属

态度

　　一个阳光、清风恰到好处的时候，在有繁花的枝头之下摆上一张窄小的茶桌，桌上几只汝窑的青色茶杯、一只身披棕红色光芒的紫砂壶，桌旁有一只红泥小火炉，炉上坐着铸铁茶壶，正在冒着热气。

　　不知过了多久，茶壶低调地嗡嗡作响，将其从火炉上挪开，倒入紫砂壶里。第一道茶不能饮，以洗为目的。明代冯可宾在《岕茶笺》中说，烹茶之前，"先用上品泉水涤烹器，务鲜务洁；次以热水涤茶叶。"洗茶之水，带着一身尘埃，落入桌边的建水之内。

建水，来自日本的称呼，它形似大碗，有浑圆的肚囊，宽敞的口沿，一般是陶瓷质地，专门用来收容洗茶、洗茶具的水，国人更习惯称它为茶洗。

物语

茶人通常会准备三个建水，一正二副，正建用来浸泡茶杯，副建一个用来浸泡冲罐，一个用来盛放废水与味尽的茶叶。茶杯与冲罐需要在热水中浸泡一会，驱走它们身上的寒意，方能封存茶水最好的味道。

建水向来有多种款式，有深有浅，有的分为上下两层，一层上有小孔，可以放茶杯，热水沸腾直接倒在茶杯上，洗杯的水顺势落入二层的深瓯里。如今的建水更是脱离了古老的碗状，变成了长方形，依旧分为两层，一层由竹子或陶瓷打造，上面均匀分布着小孔或长条的缝隙，下面是或深或浅的托盘。水满八成，就要倒一次。

想来古人是实用主义者，又偏偏十分浪漫。建水摆在桌旁，免去了洗茶、洗杯时要离席的劳苦，心跳平稳，安宁的节奏也未被打破，这是实用。而建水外形多变，有山水附在周身，有光泽笼罩，看上去不比茶杯、茶壶逊色，体现的是茶人的品味，同时也为废水找到了一个唯美的归宿，浪漫至极。

茶说

茶洗过之后，便是第一壶可入口的茶水。茶水落入杯中，混着花香、蜜香与唇舌相会，滑腻腻顺着食管落入胃里，暖意从内弥漫，感染了身边的所有事物。

偶有风来，吹落几片花朵，落在茶水里，落在建水里，这一道茶席，便多了几分姿色。他日回想起来，最美的光景都是伴着一种香甜，不自觉露出微笑。

茶叶的花轿——茶荷，赏心悦目

茶说

水已滚烫，入壶即可得茶香。慢一些，在干茶入壶之前，请慢一些。你已经见识过与水交融的茶叶是多么清新可人，却一直未曾细细看过干茶的模样。

干茶也是需要欣赏的。它初生时一副娇俏新鲜的模样，在南方充沛的雨水与阳光下茁壮生长。四五月份，气候温暖，它迎来了成熟的日子。茶农挎着茶篓，站在望不到边际的绿色之中，轻巧、快速地挥动手腕，生怕弄伤它们。

又根据不同的加工方法而经历日晒、烘干、炒熟等工序，每一道都是一次高温中的熬炼，这才有了干茶的模

样。它或是细长，如长针，如细枝，墨绿深沉；或是卷曲成球，一个个憨厚可爱；或是紧压成饼，彼此牢牢相拥，需要用茶刀才能将其分开……

打开茶罐，从里面取出珍藏已久的好茶时，不要用手直接去触碰茶叶，拿一只茶荷，轻轻插入成群的茶叶里，缓缓取出一些。如果说茶与水是一对爱人，茶荷就是送他们相见的花轿。

物语

茶荷，茶道君子之一，用竹、木、陶、瓷、锡等制成饱满的半球形状，像刚刚从盛开的荷花上摘下的一片花瓣。它的诞生就是为了盛放干茶，一是代替手把干茶从茶罐中取出，再倒入茶壶；二是用来观赏干茶的外形。

当然，它最重要的作用是用来评估茶量。因为无法精准地取出所需的茶量，所以一般用茶荷取出若干，再加以估量，之后放入茶壶，其余的可以再放回茶罐，或等待稍后重新沏茶。也有人会在茶荷中把茶细细研碎，为的是喝上一口浓浓的茶水。

　　既然它是茶的花轿，自然要柔情相待。不要用手粗鲁地抓住茶荷的缺口部位，因为它直接接触干茶，会影响茶的清洁；赏茶时最好是用一只手的拇指和其余四指捏住茶荷的两侧，放在虎口处，另一只手托着茶荷的底部；泡茶时将它放在干燥的茶桌上，不要让它跟湿漉漉的茶盘接触，以免潮湿。

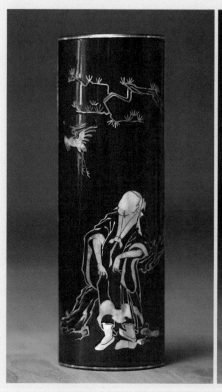

态度

喝茶就是这样细致的功夫，哪怕一只小小的茶荷也要小心对待。所以，人常说，喝茶，茶水入口不是目的，过程中对细节的每一次照拂才

是关键。人生何尝不是这样，单纯的成功或失败只是刹那之间，最打动人的是过程中的点滴感受。

茶入，私密舒适

往事

　　不知是谁从唐代的中国带回日本一些陶瓷做的罐子，它们之前或许是用来盛放火药的，或许是用来盛放女人的化妆用品的，不知到底装过什么，但到了16世纪的日本，它就成了安置茶叶的茶入。

　　因为稀少，所以拥有茶入的日本人必定是有权势的，比如战国时期的将军。到了江户幕府时期，茶入依旧是权力关系的见证者，只有德高望重的家族，比如德川家族，才有资格获得将军赏赐的茶入。

物语

中国人对茶入的称呼更直接一些——茶罐、茶仓，其主要功能是防止茶因受潮而变质。干茶对水的渴望非常强烈，哪怕是空气中微小的潮湿的水分子它都不放过。所以，一直让茶叶裸露在空气中，它会拼命吸附水分，以及空气中的异味，并且在光线、氧分子等作用下产生大量的微生物，从而变质。

因此，茶罐的首要功能是密封性。密封性最好的茶罐是锡质茶罐，所以一些名贵茶叶最喜欢被它保护。

然而，并不是所有茶叶都喜欢与世隔绝的存储环境，比如普洱、红茶等就喜欢在适合的温度下进行发酵，所以要选择透气性能佳的茶罐，比如紫砂罐。紫砂罐是双重气孔结构，不仅可以保持茶叶的新鲜，还能消除茶叶中的异味。

除此之外，陶瓷制成的茶罐也有较好的透气性，可防光、防潮，但密封性能一般，可以用来贮藏乌龙、普洱等老茶。

　　还有一些常见的茶罐，比如竹质茶罐、纸质茶罐，它们密封性能差，适合放置低、中档的茶叶；铁罐、木罐，密封性能好，防潮、防光，不过铁罐容易生锈，所以不能放置名贵茶叶；不锈钢茶罐可能是最常见、使用率最高的茶罐，因为其密封性能好、防潮、防光，最重要的是价格适中，适合普通的消费者。

　　如果家中有一些消耗快的茶叶，不妨用一些纸质、铁质的茶罐，但需要长久珍藏的就一定要挑选一个合适的容器。总之，要把不同的茶叶放入不同的茶罐，让它们得到最大程度的爱护与尊重，毕竟那是干茶最后、逗留最久的家。

捌

良伴、相知

有你相伴，才算完美

我们是一群无血缘亲人，
饮茶赏花，听琴说画，
品沉香的悠远，
心无挂碍。

字画，温文儒雅

态度

茶在世间并不孤独，字画、花草、音乐、茶人都是知己良朋，其中字画与茶的关系最为特别，他们相互传承、相互记录、相互映照。于是，茶之于字画，不单纯是雅致，更多是文化与历史的交织。

茶伴之画

中国流传至今与茶有关的画卷不胜枚举，阎立本的《斗茶图卷》、赵孟𬸘的《斗茶图》、丁云鹏的《玉川烹茶图》、文征明的《惠山茶会图》、唐代周昉的《调琴啜茗图卷》等，除了画家的个人特色外，茶画中无一不显示当时的茶文化。

　　比如《斗茶图卷》，描绘的是唐代兴盛于民间的斗茶情景。图画上有六个穿着朴素的百姓，身边放着自己的茶具、茶炉和茶叶。左边三人正在煎茶：一人看着炉火，一人提壶往茶盏里注茶水，还有一人提着茶壶给众人看，似乎是告诉别人他的茶好在哪里。右边的三人在品茶：一人正在用茶罐研茶，另外两人似是在交流彼此对茶的认识与理解。人物刻画细腻逼真，呈现出一段茶文化从文人墨客中走入寻常百姓生活里的历史。

　　同样表达茶在民间的还有元代赵孟頫的《斗茶图》，画中四人脚穿草鞋，身披粗衣麻布，袒胸露臂，有人拿着茶杯，有人在往杯中倒茶，有人在互相谈论茶道，专注认真。画中没有文人墨客的优雅姿态，只是一些淳朴乡民在自己的茶文化中高谈阔论，让茶显得尤为亲切，不再那么高高在上。足以看到从唐以来，民间斗茶的繁荣。

　　当然，只要有茶有画，就一定少不了温和的谦谦君子，于是有了丁云鹏的《玉川烹茶图》，玉川子[1]在花园中两棵高大的芭蕉树下坐着，背靠假山，身边的石桌上摆着茶具，两位老仆在身边提壶送水、端着捧盒，他则把全部注意力都放在了面前的炉火上——怕风掠过花草吹熄了火焰，于是不住地摇着手中的羽扇，双眼紧紧盯着炉上的茶壶，好像看着爱人一般舍不得移开视线。那种投入与专注，让他生出一种令人迷恋的光芒。

文征明的《惠山茶会图》绘制的则是他自己的故事。正德十三年（1518年）的清明节，文征明与好友蔡羽、汤珍、王守、王宠等一起游览惠山，在碧绿的松林之中，有两人在茅亭里隔着水井而坐，或许说起了井水不够甘甜，应取惠山泉水来泡茶最好；亭外有两人围着茶桌对话，知己在一起，总是说不完的经纶文典，也许还有些按捺不住的儿女情长。这一切，都在茶中温暖展开，令人心驰神往。

当然，茶画中有男子，必然有温婉可人的红颜。唐代的《调琴啜茗图卷》，据传为周昉所做，画中五位主人公都是女性，一人坐在石凳上轻抚长琴，两人坐在近前，附耳倾听；另有两位女侍分立两旁，手中端着茶盘，上面或许是刚刚冲泡好的茶水。五人风姿绰约，娉婷婀娜，似是一场闺中密友的相会，也像是一次家中女眷的饭后小聚，说着女红诗画，说着红粉心事，即便只是观赏，也能隐约闻到画中透出的脂粉香气，混着茶香扑面而来。

茶伴之字

画中的茶直观而热烈，通过人物的一举一动与观赏者沟通。书法完全是另一种模样，它只有简单的线条，其中包含的意境、思想，需要书法者赋予灵魂。这倒是跟茶极像的，茶本身是简单的一片叶子，只是在遇到人之后才有了审美趣味和艺术特征，才有了生命力。

正如司马光曾问苏轼："茶欲白墨欲黑，茶欲重墨欲轻，茶欲新墨从陈，君何同爱此二物？"苏轼说："上茶妙墨俱香，是其德也；皆坚，是其操也。譬如贤人君子黔皙美恶之不同，其德操一也。"茶与书

---

[1] 注：唐卢仝喜饮茶，尝汲井泉煎煮，因此自号"玉川子"。

法一样，都是君子之态，需要高尚的德行来滋养。于是苏轼一生写过近百篇跟茶有关的书法诗作，可以是秉烛夜读时的"簿书鞭扑昼填委，煮茗烧栗宜宵征"，可以是在春日午后的"春浓睡足午窗明，想见新茶如泼乳"。

唐宋茶文化兴盛，所以大部分跟茶有关的书法作品都诞生于这个时期，像唐朝怀素和尚的《苦笋帖》，蔡襄的《茶录》。《茶录》除了是一本记录如何烹茶、辨别茶的工具书之外，本身就是一部书法作品，后人争相对其进行抄、拓，至今故宫博物院还保留一卷抄本《楷书蔡襄茶录》。

唐宋以后，茶文化在传承中得到进一步的发展，大量的文人致力于茶的研究，于是又涌现出许多优秀的茶诗与书法作品，比如米芾的《苕溪诗》、郑板桥的《竹枝词》、汪巢林的《幼孚斋中试泾县茶》，等等。

古人将对茶的情怀寄托于书画，或是浪漫，或是娴雅，或是热情，或是内敛，丝毫不加掩饰。这样想来，那时的品茶，不管是街头巷尾，还是庙堂之高，都在尽情享受，美了岁月，慢了时光。

而它们也在提醒忙碌空虚的我们，有茶、有知己，有一段可以用来消磨的时光，便是最好的人间。

品香，神清气爽

态度

一间只能容纳五六人的房间，一张素琴，一位茶师，三五茶人，围坐在低矮的茶桌周围。茶师在瓷盆中洗净双手，捧来一鼎小小的品香炉，在里面点燃一块沉香。香烟袅袅，在诸君身边盘旋，而后又随空气流动飘向房间的每一个角落。

此时，茶香也在水中释放，像个刚刚学会走路的幼儿，迫不及待地四处奔跑，很快占领了房间的每一寸空气。它和沉香初次相遇，却不胆怯，或许是这段缘分缠绵了千年，所以它们一见如故，紧紧相拥，前世的记忆似都被唤醒，在这小小的房间中弥漫开来。

　　通常来说，茶师会先将香炉传给左手边的人，并提醒"品一口香，再品一口茶"。茶人拿着品香炉，看着小片的沉香在香灰中燃起细烟，香气入鼻穿喉，紧接着品一口茶，茶香与沉香就这样在身体里合二为一，整个人都喷香起来。就这样不断传给左手边的下一位，直至传回茶师手中，便结束了品香的仪式。

物语

　　但这"结束"不过是个开始，香与水，与茶水，应有一次更加亲密的结合。茶师把小片沉香放入水中，以沉香之水来冲泡茶水。最好是用大红袍，沉香水色重，正好与大红袍形成反差。入口之后发现，原来香冽的大红袍也有如此温柔的一面：香味被沉香水淡化，化作绵软细柔的香气，久久不肯散去。

一直到沉香燃尽、茶水无味，这席茶香之旅才算画上句点。回味起来，方才恍然大悟，茶与香原来如此般配，他们同样要平心静气，投入专注；同样需要放慢节奏，缓缓而来；同样是先从鼻入，品出其香是甜，是苦，是凉，是温；同样是要经过喉咙，在喉头逗留，然后才进入胸腔，这就是韵味。

往事

中国人对香的热爱，大概从春秋战国时就开始了，只是那时候交通不便，诸侯混战，香只局限于某个地域，没有得到广泛的传播。而产香的植物又大多喜欢湿热的环境，无法在温暖、偏凉又干燥的中原生长，于是那时中原能见到的香，不过是泽兰、蕙兰、椒树、桂树、艾蒿、郁金、白芷、香茅等。

虽然香少，但用香的方法却不少，可以焚烧，可以佩戴，可以煮汤，可以入药，可以酿酒……

秦汉一统天下的时期，南方的香料逐渐进入中原。丝绸之路开通后，更是有许多异国香料涌入中原地区，常见的有檀香、沉香、龙脑香、乳香等。再加上汉朝大兴佛事，礼拜佛教需要用到大量的香料，所以香在汉朝得到了大力的推广。

也是在这一时期，香发生了很大的改变，之前只知道用单一的植物来制出单一的香品，自从香料变多之后，人们便试着把多种香料混在一起，制成合香。东汉时期，更有制作合香的配方流出，比如《汉建宁宫中香》里就记载了把四斤黄熟香、二两白附子、五两丁香皮等十余种香料按比例混在一起，细细研制成粉，然后制成香丸或香饼。

自汉之后，香的发展就没有放慢过脚步。到了唐宋时期，茶与香文化同时崛起，特别是唐朝打开国门，与周边国家进行贸易，各种香纷纷

进入中国，香迎来了发展的黄金年代。大量的文人、药师、宗教人士把香与茶的研究推入一个新的高度，较之从前更细化、更系统，香的分类也更完善，有会客用的香、卧房用的香、参禅悟道时用的香等。

革
新

　　值得关注的是，在宋及其之前，焚香几乎是唯一一种燃香的方法，可宋以后，一种新的燃香方式诞生——隔火熏香。这种方式不是直接拿火点燃香料，而是先点燃木炭，将它浅浅埋进香灰之中，在上面放一层用来隔火却能导热的薄片，通常是云母片，最后在云母片上放一小块香品，等它慢慢被熏烤。这样出来的香气不刺鼻，不强烈，低回持久，且没有炭的烟火味道。

　　明清时期，便于携带、易点燃的线香出现，并因更亲民的价格而迅速流行。焚香、熏香，渐渐成为文人雅客、贵族豪门的象征。

　　如今好香同样昂贵，就像一克沉香贵于黄金，似乎品香与品茶依旧是种奢侈。然而，生活不该这样受到约束，没有好香，哪怕只是一炉檀香，品着一杯西湖龙井，也是清雅、安宁的享受。所以，奢侈的不是好茶、好香，而是你肯放下所有心事，静静坐上一会儿的时间。

花草，温婉田园

态度

　　明代戏曲家屠隆在《茶说》中写到："若明窗净几，花喷柳舒，饮于春也。凉亭水阁，松风萝月，饮于夏也。金风玉露，蕉畔桐阴，饮于秋也。暖阁红垆，梅开雪积，饮于冬也。僧房道院，饮何清也，山林泉石，饮何幽也。焚香鼓琴，饮何雅也。试水斗茗，饮何雄也。梦回卷把，饮何美也。古鼎金瓯，饮之富贵者也。瓷瓶窑盏，饮之清高者也。"不管春夏秋冬，能有绿丛、香花、流水相伴，就是最好的饮茶环境。

　　古人对饮茶环境的要求，让饮茶这件事从柴米油盐中彻底跳脱出来，成为一件审美趣事。他们最中意的环境是

跟自然融为一体，能享用山泉流水，能听到树林沙沙、鸟叫虫鸣，能看到花朵簇簇、蝴蝶飞舞，抬头是云卷云舒，低头是绿叶葱葱，人与天地融为一体。

陆羽一早就提过，最适合饮茶的五个地方是"野寺山园""松间石上""瞰泉临涧""援跻岩，引绳入洞""城邑之中，王公之门"。但唐人最喜欢的还是花间、竹下，即便不是山间野林，也需得是花园苗圃，最差也要有几盆花、几棵柳树。

往事

宋人对饮茶环境更为挑剔，要有新茶、甘泉、清器、好天气，还要有人品上流、儒雅翩翩、气味相投的茶友。直接将对人的要求列为饮茶环境之一。

但真正对环境要求苛刻的是明人。明朝道家兴盛，其崇尚的自然人本的理念直接影响着那个时代文人墨客的行为操守、志向追求，所以他们喝茶，最好是在山林之中，有广阔的山水和胸怀，能放浪形骸、无拘无束，能触及到思想的边缘，达到虚空的高度。为了表达这种境界，他们写诗、作画，把人、茶与山水花草都放在笔下，这才有了唐伯虎的《事茗图》、《品茶图》，才有了仇英的《松间煮茗图》等名作。

即便不能寄情山水，也要有一间舒适的屋子专门用来饮茶，最好是像文震亨说的那样："构一斗室，相傍山斋，内设茶具，教一童专主茶役，以供长日清谈、寒宵兀坐，幽人首务，不可少废者。"屋子不需要多大，但要干净整洁，最好是依山而建，能看到外面的郁郁葱葱；不需要有太多人，够两三好友清谈，够一个人冥想就好。

古人认为，这样的清幽可以帮助灵性的增长，像明朝李日华认为一间茶室是："自然有清灵之气来集我身。清灵之气集，则世界恶浊之气，亦从此中渐渐消去。"

物语

一间茶屋对古人来说是一个避世之所，那一杯香茗，周身围绕着的绿树红花、青山绿水，隔开了外面那个熙熙攘攘的利益世界，躲开了明枪暗箭的权力斗争，有真正属于自己的片刻安宁。

既然是避世，那一同喝茶的人也必须是志趣相投的，这是孤独之中的最大慰藉，所以屠隆又说："茶灶疏烟，松涛盈耳，独烹独啜，故自有一种乐趣。又不若与高人论道，词客聊诗，黄冠谈玄，缁衣讲禅，知己论心，散人说鬼之为愈也。对此佳宾，躬为茗事，七碗下咽而两腋清风顿起矣。较之独啜，更觉神怡。"与相投的人说些相投之事，在这狭小的空间里，心也可无限大。

就算是茶童、仆人，也应该是对茶的礼仪、过程十分了解的，知道什么时候取水，什么时候取炭，什么时候端杯，什么时候递茶，要干净卫生，还必须聪明伶俐，并且安静。

或许只有在这种严苛之中，才能得到某种程度上的自由。有那么一天，你也建一座茶寮，或许只有几平米，但够放一张矮桌，够坐两三个人，有明亮的窗户，充足的光线，还有几盆绿草红花，也算是在钢筋水泥的世界里，为浮躁的灵魂创造一个与自然接触的空间。看看是否心情终归于平静，烦恼抛向九霄。

音乐，轻松愉悦

往事

中唐时期，一位年迈的官员对朝堂相争彻底失去了信心，于是辞去官职，回家当起了闲散人。此后的生活都是悠闲自在的，没有早朝挂心，可以一觉睡到天亮；没有案牍劳形，可以读些喜欢的书籍。清醒之后，摆下茶席，弹一曲古琴《渌水》，享受那"闻君古渌水，使我心和平。欲识慢流意，为听疏泛声。西窗竹阴下，竟日有馀清。"

琴音未绝，门外来了客人，正是故人老友，他带着蒙山茶，要来与他品茗。故人许久未见，或许是因为路途遥远，或许是不便于他的官职，如今他孑然一身，可以放心见想见的人，说想说的话。

也只有见到了老友，在琴声与名茶之中，才是最放松的，才能说起在官场的孤苦，说起自己空有一身抱负却无路施展。他说，如今的官场已经被权势绑架，处处是争名夺利的妖风邪气，报国的人遭受排挤，只能选择逃避。

这一场长长的倾诉，和着琴音，伴着香茗，显得超脱又无奈。但压在心头许久的不快，却因此缓解了许多。

当天夜里，送走故人，他写下了一首诗：

兀兀寄形群动内，陶陶任性一生间。

自抛官后春多梦，不读书来老更闲。

琴里知闻唯渌水，茶中故旧是蒙山。

穷通行止常相伴，难道吾今无往还？

诗名是《琴茶》，他是白居易。

态度

琴、茶，是白居易表达豁达的一种方法，然而真的将它们结合在一起，的确是一种难能可贵的平静享受。试想，手中一杯新沏的绿茶，茶水鲜亮，耳边是轻柔缓和的丝竹之声，有时如行云流水，有时如窃窃耳语。啜一口茶，闭上双眼，忘记一切，甚至不用刻意去品茶味，让它自然地香甜你的齿颊。沉浸在跳动的音符与节奏中，一曲作罢，睁开眼睛，如同刚刚从酣梦中醒来，嘴里还有些许香甜。

逐渐地，找到了与茶和心情最相配的音乐，西湖龙井要与《平沙落雁》、《猗兰操》为伴，就像回到了那个春天，站在层层茶树之中，双手掠过新鲜娇嫩的茶芽，指尖传来一种新鲜生命的力量。午子茶要与《广陵散》、《阳关三叠》为友，才有西北茶特有的沧桑悠远之感。红茶与花草茶可以与西方音乐融合，钢琴、小提琴、萨克斯，一盏烛火，一张舒适的沙发，两个依偎的身影，温暖了整个人生……

这不是附庸风雅的矫揉造作，就连现代心理学家也证实了味觉与音乐之间的关系，牛津大学的行为心理学教授查尔斯·斯彭斯说："音乐能使人的大脑对某种味道的印象特别深刻。"他说酸味更像高音，适合听高音类音乐；甜味更像丰富的声音，可以搭配节奏明快的音乐；苦味低沉，最适合深沉、悲伤的调子。

于是，要让耳朵跟舌头进行一次特别的对话，但也要遵从自己的个性，绿茶可以配民乐，也可以配流行音乐，或许是一首俏皮的小情歌，或许是一曲幽怨的爱情衷肠，只要你感到舒服自在。

音乐本身带给人的是愉悦，不管是阳春白雪，还是下里巴人；不管是民乐，还是西乐，与茶带给人的安逸轻松不谋而合。

下次，听一曲音乐，呷一口清茶，情不自禁地念着许次纾的《茶疏》：

"心手闲适、披咏疲倦、意绪棼乱、听歌闻曲、歌罢曲终、杜门避事、鼓琴看画、夜深共语、明窗净几、洞房阿阁、宾主款狎、佳客小姬、访友初归、风日晴和、轻阴微雨、小桥画舫、茂林修竹、课花责鸟、荷亭避暑、小院焚香、酒阑人散、儿辈斋馆、清幽寺院、名泉怪石。"

感　谢

感谢以下茶文化机构对本书的友情支持。

苋革聖記

寻/常/茶/事

友茗堂

池印月

摄影：王缉东　张旭明　左飞　雷宗兴

本书所展示的大部分唯美图片，都是承蒙以上摄影师的专业拍摄而成，在此一并感谢。

总策划、执行：东方茶韵、普洱茶院付洁女士

在本书材料收集、整理，图片的组织、拍摄、筛选、编辑，以及装帧设计、制作，稿件修改、核校等繁杂细致的工作过程中，感谢所有为本书付出辛苦和努力，默默支持我们工作的各位朋友：周雪飞、王缉良、王琴、王杨、李志斌、姚丽、门雪峰、李志伟、王露露、曹嘉林、张根、凌凌、李娟、王代高、孙爽、门怡、彭蝶、戴冰燕、王景秀、钟运春、刘思琪、李光美、罗县珍、寇淑云、苏丹、张玉洁、刘建华、李新、周华、张小华、李剑伟、苏艳、文远芳、田建国、朱翠萍、李丽萍、周旋、付其德、朱其丽、周小春、梁凤玲、龚珍、陈木旺、李玉树、马兴利、朱永梅、朱茂林、王博燕、朱丽琳、徐平。特此感谢大家一如既往的支持和帮助！